浙江省普通本科高校"十四五"重点立项建设教材

高等院校数字化融媒体特色教材

"医+X"交叉融合新医科教材

主编 ● 楚 婷　俞佳迪

Development and Application of
Ageing-Appropriate Products

适老化产品开发与应用

ZHEJIANG UNIVERSITY PRESS

浙江大学出版社

·杭州·

图书在版编目（CIP）数据

适老化产品开发与应用／楚婷，俞佳迪主编．

杭州：浙江大学出版社，2025.7. -- ISBN 978-7-308

-26434-1

Ⅰ. TB472

中国国家版本馆 CIP 数据核字第 20250CZ231 号

适老化产品开发与应用

主　编　楚　婷　俞佳迪

责任编辑	阮海潮
文字编辑	胡慧慧
责任校对	沈巧华
封面设计	林智广告
出版发行	浙江大学出版社
	（杭州市天目山路 148 号　邮政编码 310007）
	（网址：http://www.zjupress.com）
排　　版	杭州星云光电图文制作有限公司
印　　刷	浙江临安曙光印务有限公司
开　　本	787mm×1092mm　1/16
印　　张	11.75
字　　数	250 千
版 印 次	2025 年 7 月第 1 版　2025 年 7 月第 1 次印刷
书　　号	ISBN 978-7-308-26434-1
定　　价	45.00 元

《适老化产品开发与应用》
编 委 会

主　　编　楚　婷　俞佳迪

副 主 编　杨莉莉

编　　委（按姓氏笔画排序）

尹志远　圣奥科技股份有限公司

刘彩霞　浙江医院

杨莉莉　浙江中医药大学护理学院

来章琦　浙江中医药大学第三临床医学院

肖艳彦　杭州广宇安诺实业集团股份有限公司

陈斗斗　中国美术学院工业设计学院

俞佳迪　中国美术学院视觉传播学院

祖　宇　浙江工商大学艺术设计学院

倪曙华　圣奥科技股份有限公司

楚　婷　浙江中医药大学护理学院

满锦帆　中国美术学院工业设计学院

编写秘书　胡青青　浙江中医药大学护理学院

徐佳佳　浙江中医药大学护理学院

序

面对中国逾 3.1 亿老龄人口所构成的"银发浪潮",我们正处于一个关乎文明形态演进的关键节点。人口老龄化已超越单纯的人口结构变迁范畴,深刻表征着一场复杂的社会结构转型命题与人文价值体系的深层挑战。在数字化浪潮重构社会运行范式的当下,如何确保技术赋能的普惠性价值真正惠及每一位老龄个体,使其无障碍融入智能化社会,已成为衡量社会文明温度与技术伦理体系成熟度的核心标尺。在此背景下,《适老化产品开发与应用》应运而生——它不仅承载着浙江省普通本科高校"十四五"首批新工科、新文科、新医科、新农科重点教材建设项目的重要成果,更体现了护理学与设计学交叉融合以及产业需求与教育实践深度协同的创新范式,旨在系统性地构建适老科技领域的知识体系与实践路径。

本教材构建了"理论—技术—应用"三位一体的完整知识体系。从康养照护到健康管理,从生活娱乐到安全防护,教材以系统化思维串联起适老产品的全谱系发展路径。它超越了传统适老改造的物理范畴,直指"人机协同智慧生态"的产业未来。尤为可贵的是,本教材实现了严谨学术与产业实践的深度融合。从适老化产品案例"智能感知坠床预警防护系统"的多模态传感技术、"老年人俯卧位通气快速多体位限位摆放工具套件"的临床工效学原理到"防侧翻老人助行器"中的运动力学分析,每一个案例都是跨学科团队的智慧结晶,真正践行了"以老年人为中心"的设计理念。

本教材所承载的,不仅是知识体系,更是一种价值主张,即科技创新的终极使命在于守护人之尊严与福祉。当青年学子通过书中案例触摸到技术改善生活的真实力量,当产业界从中获得产品落地的科学指引,我们便能在"银发浪潮"中开辟出一条温暖而光明的航路。期待这本凝聚智慧与情怀的教材,能成为点燃适老产业创新的火种,让技术之光真正化作夕阳岁月里永不熄灭的温暖灯塔。

浙里中医康养产业学院院长

前　言

　　在老龄化与数字化双重浪潮交织的文明进程中,适老化产品的创新开发已成为衡量社会进步与人文关怀的核心指标。根据国家统计局的最新数据,截至 2024 年末,我国 60 岁及以上老年人口已超过 3.1 亿,占全国总人口的 22％。在积极应对人口老龄化国家战略的背景下,我们不仅需应对由"银发浪潮"引发的挑战,更应把握人机协同、智能普惠所孕育的历史性机遇。随着生成式技术的飞速发展,适老化产品开发已经从物理空间的适老改造,升级到构建人机协同的智慧生态——这不仅是技术进步的自然趋势,也是对生命尊严的科技诠释。

　　本教材作为首批浙江省普通本科高校"十四五"新工科、新文科、新医科、新农科重点立项建设教材项目研究成果,基于"积极老龄化"国家战略视角,融合护理学、设计学、智能技术等跨学科知识进行编撰。本教材的编写团队汇聚了来自浙江中医药大学、中国美术学院、浙江工商大学、杭州广宇安诺实业集团股份有限公司、圣奥科技股份有限公司等机构的专家与学者,实现了医工交叉融合,产教紧密结合。教材内容不仅深入分析了老龄化社会的需求,还展示了如何将人工智能技术、人机交互等前沿技术应用于适老产品的开发实践。

　　本教材由三个主要部分构成:理论建构、技术实践以及案例解析。在理论建构部分,本教材系统地阐述了适老化设计的核心原则,即"安全优先、情感交互、代际共生"。技术实践部分则对康养照护类、健康管理类以及生活娱乐类三大产品谱系进行了介绍。案例解析部分展示了若干创新案例,包括"智能感知坠床预警防护系统""老年人俯卧位通气快速多体位摆放工具套件"以及"防侧翻老人助行器"等,每个案例均配备了相应的工程参数标准和医学评估指标。通过"结构设计＋产品功能与用户反馈"的立体化呈现方式,实现从理论到实践的完整闭环。

　　本教材汇集了浙里中医康养产业学院教学团队两年来的研究成果,不仅对现行的适老化技术体系进行了全面的整理,而且对智慧养老生态系统进行了具有前瞻性的预测。

我们期望本教材能够培养出既精通智能技术应用又深刻理解老年群体需求的复合型人才,助力青年学子通过技术创新来守护"夕阳红"的美好愿景,共同推动适老化产品开发领域的持续进步,使科技之光温暖人类文明的永恒之路。

《适老化产品开发与应用》编委会

2025 年 5 月

目　录

第一章

适老化产品设计与开发概述

学习目标

- **知识目标**
  1. 描述适老化产品的概念；
  2. 说出适老化产品的分类。
- **能力目标**
  1. 阐述适老化产品设计与开发的目的与意义；
  2. 结合适老化产品现状，阐述适老化产品设计与开发的趋势；
  3. 分析老年人的健康、生活等方面的个性化需求，应用适配的老年化产品。
- **素质目标**
  培养思辨能力和具有开放性、灵活性、前瞻性的创新性思维。

第一节　适老化产品概述

一、适老化的定义和内涵

适老化产品
概述

适老化是指在建筑设计、居家环境装修、公共设施（商城、医院、学校等）建设等方面进行的改善，包括实现无障碍设计、引入急救系统等，其目的是满足老年人群的健康及生活需求，保障老年人的安全。低层次的适老化是改善老年人的生活和社会参与环境；中层次是让老龄群体适应科技、时代和社会的发展；高层次是让社会适应人口老龄化的发展。在积极应对人口老龄化国家战略的总体布局下，适老化不仅仅关注老年人的生理健康，还包括社会、心理和环境等方面的因素。适老化的内涵包含以下几方面。

1. 生理适老化　生理适老化是指通过预防疾病、促进身体健康等手段，延缓老年人生理老化的过程。这涉及培养健康的生活方式，如保持充足的睡眠、戒烟限酒、定期体检、保持均衡饮食、参与多样化的运动等。这些措施的共同作用将有助于老年人维持身体各系统的正常功能，提高免疫系统的抵抗力，使老年人保持身体的健康状态。

2.心理适老化　心理适老化注重维护老年人的心理健康和情感幸福。心理支持、心理咨询等服务能帮助老年人克服和缓解孤独、敏感等心理。学习新技能、参与智力游戏等活动有助于老年人保持大脑灵活性。这些因素的共同作用可以使老年人更好地适应生活变化,保持积极心态,提升整体生活质量。

3.社会适老化　社会适老化则注重老年人在社会中扮演的角色及其社会参与度。建立积极和健康的社交网络、参与社区支持体系,以及积极参加志愿活动,老年人就能够在社会中找到归属感,享受互助与支持,创造有意义的人际关系,从而更好地融入社区,保持社交活跃,全面实现幸福老年生活。

4.环境适老化　环境适老化注重于创造老年人友好型的居家和社区环境。这包括设计和建设无障碍设施,确保安全性,提高便利性,以满足老年人的特殊需求。通过充分关注老年人的生理心理特征,推动社会创造更具包容性和关怀性的环境,提高老年人的生活水平,提升居住舒适度和安全性,促使他们更好地生活。

二、适老化产品概念

适老化产品是指专门为老年人设计和开发的产品,旨在创造和设计出更多、更加适应老年人生活方式和特殊需求的产品,满足他们的健康、社交、生活等需求,从而提高他们的生活质量。这一概念涵盖了多个领域,包括医疗、科技、家居、交通等。

三、适老化产品分类

目前我们的生活中已经涌现了许多专为老年人设计的适老化产品,通过多种功能分类,帮助老年人提高生活质量,确保其安全和舒适。这些产品的具体分类有以下几种。

1.生活照护类　旨在协助老年人进行日常生活活动,如洗浴、如厕、睡眠和饮食等辅助设备。常见产品有无障碍浴缸、马桶升高器、电动床、防滑餐具等。

2.运动辅助类　这些产品能帮助老年人进行运动和康复锻炼,增强其身体机能。包括助行器、手杖、电动轮椅、家用健身车和平衡训练设备等。

3.医疗健康类　用于监测和维护老年人的健康状态,提供医疗支持,如心率监测器、智能药盒、可穿戴健康监测设备、超声波治疗仪等。

4.生活娱乐类　帮助老年人保持社交互动并丰富娱乐生活,包括大字体手机、语音助手、智能电视和电子书等。

5.环境适应类　旨在增强居住环境的舒适性和安全性,如无障碍通道、智能家居系统、防滑地板和墙面扶手等。

6.心理支持类　能提供心理和情感支持,帮助老年人维持心理健康,包括情感陪护机器人、远程视频通话设备、智能语音助手等。

这些产品涵盖了老年人生活的各个方面,通过创新设计和技术应用,提高老年人的生活自理能力、社会参与度和生活满意度,同时满足他们特殊的生理和心理需求。这些产品的发展和应用有助于支持日益增长的老龄化人口,为老年人创造更加舒适、安全和有意义的生活。

知识链接

辅助器具

　　辅助器具最初兴起于 20 世纪 70 年代的欧美国家。2009 年我国将其定义为能够有效防止、补偿、减轻或替代因残疾造成的身体功能减弱或丧失的产品、器械、设备或技术系统。更通俗地讲,凡是能够克服残疾影响,补偿或代偿缺失功能,提高个体生活自理和社会参与能力的器具都称为辅助器具,高级的如植入式电子耳蜗,普通的如轮椅、拐杖以及改装的进餐具、穿袜器、系扣器等。辅助器具的获得主要包括以下三种形式。

　　1.直接选购　用户可以直接购买市场上现成的辅助器具,这些产品广泛存在于医疗器械商店、药房以及在线市场等。

　　2.适当改造　部分辅助器具可以通过适当的改造来满足用户的个性化需求,例如调整尺寸、改良设计或加入定制功能等,以确保辅助器具更好地适应用户特定的身体状况和需求。

　　3.量身定做　为了满足个体差异,一些辅助器具需要经过专业的量身定做。

　　辅助器具不仅简化了日常生活,也促进了残障人群的社会融入。然而,仍存在价格不当、普及度不足等问题,需要社会共同努力,以更好地支持辅助器具的发展。

第二节　适老化产品设计与开发的目的与意义

　　适老化产品的设计与开发涉及老年人身体健康、心理健康、社会参与度等重要方面。适老化产品设计与开发的最终目的与意义在于构建一个以老年人需求为核心的生态系统,通过专业的技术,融合尊重和人文理念,创造出更加智能、贴心、安全的产品,以满足老年人多元化的需求,提升老年人的整体生活体验,从而让他们更好地享受晚年生活。

适老化产品设计与开发的目的与意义

一、健康监测与管理

　　适老化产品的开发与设计聚焦于老年人的健康状况,致力于提供实时的健康信息和全面的医疗支持,旨在早期发现潜在的健康问题并及时干预,有效减轻慢性疾病的进展风险。通过融合先进的传感器和监测技术,这些产品能够实时监测老年人的关键生理指标,如血压、心率、血糖等。除了实时监测,适老化产品还以个性化的健康管理为目标,通过收集和分析健康数据,为老年人提供特定于个体的健康建议,涵盖饮食、运动、药物管理等多个方面。这些个性化建议的目的在于协助老年人实现更健康的生活方式,从而维持良好的健康状态。同时,通过远程医疗监测,医护人员能够随时了解老年人的健康状况,进行远程诊断和治疗建议。这一功能不仅在降低医疗成本方面发挥着积极作用,还有助于提高老年人的独立性,使他们能够更灵活地管理自己的健康。总体而言,通过健康监测与管理的综合应用,适老化产品不仅能为老年人提供全方位的医疗关怀,还为医疗服务体系的升级和老年人健康的可持续管理提供了创新的解决方案。

二、提供安全保障

在有效管理健康的基础上,适老化产品还能够提供安全保障。老年人在日常生活中常常面临生活自理困难、突发疾病无法及时求助等挑战。因此,适老化产品旨在通过整合科技创新和关怀服务,帮助老年人更好地应对可能的安全风险,为他们创造一个更加安全可靠的环境。有些适老化产品通常配备紧急呼叫功能,在紧急情况下,老年人可以通过简单的按钮或语音指令触发,迅速获得紧急医疗支援或家庭成员的协助,从而缩短救援响应时间,保障生命安全;智能家居安全系统可以监控家庭的安全状态,包括火灾和煤气泄漏检测器、智能门锁系统等,还可以提供智能化的防护措施,帮助老年人及时应对各种潜在的安全风险;还有些产品设计了床边智能警报器,能够检测老年人的离床情况,这种警报器可以提供额外的安全保障,防止老年人夜间摔倒或迷路。

三、提高老年人生活质量

有了健康监测和安全保障,老年人的日常生活将变得更加稳定和安心,从而进一步改善生活质量。鉴于老年人在生理、心理、认知和社交等多个方面具有独特需求,通过融入个性化设计和定制功能,可以满足老年人在生活中可能面临的各种挑战,使他们能够更好地享受日常生活,提升整体幸福感。这些主要通过以下方式来实现。

1.提升生活便利性与安全性　适老化产品设计的首要目的之一是提升老年人的生活便利性和安全性。随着年龄增长,老年人可能面临诸如行动不便、视力减退、记忆力减弱等问题。通过设计易于操作、安全可靠的产品,如智能家居系统、防滑地板、便捷的日常用品,可以帮助老年人更轻松地进行日常活动,减少意外风险,从而提升他们的生活质量。

2.改善健康管理与社会参与度　适老化产品的开发还致力于改善老年人的健康管理和社会参与度。例如,智能健康监测设备可以实时监测生理参数,提醒老年人及时就医或调整生活方式;易于使用的社交媒体应用和电子通信工具,能帮助老年人与家人、朋友保持联系,参与社区活动,增强其社会互动,促进其心理健康。

3.提升生活品质与心理满足感　适老化产品设计与开发也注重提升老年人的生活品质与心理满足感。通过设计符合老年人审美和使用习惯的产品,如舒适的家具、便捷的交通工具、易读的字体等,可以增强他们的自信心和幸福感,减少孤独感和抑郁情绪。

四、促进积极老龄化

适老化产品的设计与开发是积极回应老龄化社会所面临挑战的重要举措。这一发展方向将产品设计与社会长期护理规划相结合,为老年人提供更全面的支持,有助于社会更好地适应老龄人口的增加。首先,适老化产品的推动促进了科技创新和产业升级。从智能家居到医疗辅助设备,通过引入先进的科技和设计理念,激发了技术创新,为相关产业带来了全新的发展机遇。其次,适老化产品的设计要着眼于减轻老年人的生活负担,提高他们的生活自主能力。这一努力有助于降低社会养老负担,实现社会资源更加合理的分配。老年人能够更长时间保持独立生活,减少了对长期护理服务的需求,进而减轻了家庭和社会的经济压力。此外,积极老龄化的推动也为社会创造更多的社交机会和互助网络。适老化产品的应用促进了老年人之间的交流,同时也加强了不同年龄层之间的联系。通过数字技术、社交平台等工具,老年人能够更好地参与社会活动,形成更加和谐、融洽的社会环境。

综上所述,通过健康监测与管理、安全保障、生活质量提升的递进实现,适老化产品最终能促进积极老龄化。适老化产品的设计与开发旨在通过科技创新和人性化设计,为老年人提供更好的生活体验,同时为社会创造更具包容性和可持续性的环境。通过整合科技、设计和社会护理规划,适老化产品为老年人提供了更多的选择和支持,同时为社会的可持续发展打开了新的局面。未来,适老化产品设计与开发将继续朝着更加智能化、个性化、全面化的方向发展。人工智能、机器学习等技术的应用将使产品更具智能化,能够更好地适应老年人的需求。同时,产品之间的互联性也会逐渐增强,不同设备之间的协同工作将为老年人提供更一体化、全面化的支持。

第三节　适老化产品设计与开发的趋势

随着全球人口老龄化的趋势日益明显,适老化产品的设计与开发成为社会关注的焦点。为老年人设计的产品不仅要考虑到他们的生理和心理特点,还要兼顾美学、安全、舒适和易用等多方面的因素。近年来,在国家政策的大力支持下,各地已陆续

适老化产品
设计与开发
的趋势(一)

适老化产品
设计与开发
的趋势(二)

针对老年人的生活环境与空间开展了居家适老化改造。适老化产品的设计与开发正朝着更加智能化、人性化和综合化的方向发展。随着对老年人群体需求理解的深入和技术的进步，未来适老化产品将更好地服务于老年人的生活，帮助他们实现健康、独立和有尊严的晚年生活。

一、产品设计与开发智能化

随着科技的进步，越来越多的适老化产品开始采用智能化设计，如智能健康监测设备、智能家居系统等，这些智能设备可以帮助老年人更好地进行自我管理，提高生活质量。"智慧养老"这一概念首先由英国生命信托基金提出，原名为全智能老年系统（intelligent older system），指打破传统养老模式受时空约束的缺陷，借助现代科技，将各服务参与主体整合起来，通过政府、社区、医疗机构等物联网平台，形成一个有机整体，提高养老服务质量。国内智慧养老起步相对较晚，2012年，全国老龄办首次提出"智能化养老"的概念，随后又提出"智慧养老"理念，以智能养老为依托的"医养结合"养老基地开始出现。在养老产业的推动下，出现一系列科技适老化产品，如监测老人健康的可穿戴设备、养老管理系统等。如今，越来越多的适老化产品利用信息技术等现代科技，围绕老年人的生活起居、安全保障、医疗卫生、保健康复、休闲娱乐、学习分享等方面支持老年人的生活服务和管理，实现了对涉老信息的自动监测、预警甚至主动处置。智能化产品能够为老年人提供更多的便利和安全保障。例如，智能家居系统可以通过声控、智能感应等技术，让老年人更方便地控制居家环境；智能健康监测设备可以实时监测老年人的健康状况，及时发现异常情况并提供相应的辅助和救助。

二、产品设计与开发人性化

人性化设计是适老化产品的重要特点，它强调产品的易用性和舒适性，以满足老年人的实际需求。针对老年人生理衰退和接受新事物较慢的特点，适老化产品设计逐渐注重老年人的实际用户体验和人体工程学原理，操作更为直观，避免复杂的程序，减少老年人的认知负担，如采用大字体、高对比度的显示界面，友好、易于操作的控制面板等，也有适老化产品运用语音操控技术，方便行动不便、视力障碍的老年人使用。此外，在手感、易用性和视觉引导等方面也以老年人的需求和偏好为中心，真正从老年用户的角度出发。在精神情感层面，适老化产品兼顾老年人的审美需求和身份象征，从产品的造型风格、色彩、质感、环保等诸多方面进行设计。适老化产品的个性化涉及对老年用户的深入研究和测试，需综合考虑健康、安全、温馨、体贴、个人尊严等因素，确保真正解决老年人的问题，适合老年人使用；同时产品设计时应充分考虑到老年人的生理特点，如关节疼痛、肌肉萎缩等，可通过人体工程学原理来减少使用产品时的不适感，提高舒适度和安全性。

三、产品设计与开发个性化

在现代社会中，随着数字化、网络化的不断发展，个性化已成为一种趋势。老年人群体的需求日益多样化，他们将更加注重产品的个性化定制。适老化产品的个性化是设计与开发的趋势，通过定制服务，产品可以更好地适应老年人的身体特征和生活方式。适老化设计需根据老年人的健康状况、生活习惯、兴趣爱好等因素，提供个性化的产品和服务，以满足不同老年人的需求和偏好，为老年人提供专属体验。基于数据和用户反馈，有越来越多的产品提供个性化功能，让老年用户根据自己的需求和偏好进行调整，比如根据老年人的身体状况提供不同的设备支持和功能，提供定制化的健康管理计划、个性化的产品培训和使用指导等。也有一些个性化产品兼具娱乐、健康监测和生活辅助等多种功能，能同时满足老年人的多种需求。此外，3D打印等技术的发展也使得个性化产品更容易制造，如定制鞋垫、手杖等。每个老年人的需求都是独特的，因此，个性化的适老产品将越来越受到欢迎。总而言之，适老化产品设计与开发的个性化应以老年人的需求和偏好为导向，充分考虑他们的身体状况、生活习惯和个性化需求，从而提供更符合老年人需要的产品和服务。

四、产品设计与开发生态化

适老化产品的生态化不仅针对某一个体，也可针对整个社群。有研发机构建立了智慧养老管理系统，采用科技适老产品作为生态基础，通过信息平台联通各类产品和硬件形成生态。以智能硬件平台、精准慢病管理和云解决方案为核心的"蓝创模式"为各类自研硬件提供了完整的产品生态系统，打通了基层医疗机构和居家老人的有效链接，实现了慢病管理及动态生命体征的持续监测、老年人独居场景下无缝安全监护及快速响应等，做到了全方位线上下单、线下服务的模式闭环。随着适老化政策的推动以及产品的日益成熟，打造完整的生态链、一站式解决老年人的多元化需要越来越成为适老化产品未来设计和开发的趋势。

随着生产力和经济水平的提高，老年人社交、心理等更高层次的需求也日益增长，缓解老年人的孤独感也被越来越多的产品设计所考虑。适老化产品不仅仅解决单一老年人的需要，还致力于建立和维护老年用户的社会关系网络，通过简化的社交平台和适合老年人使用的通信工具，增加他们与家人、朋友和社区的互动。许多适老化产品支持老年人参与社群活动，也开始注重社区化服务，通过建立线上或线下的老年社区，提供社交、娱乐、学习等多种服务，帮助老年人更好地融入社会。

五、产品设计与开发可持续化

健康老龄化是实现可持续发展目标的必要条件，适老化产品设计与开发是积极回应老龄化社会所面临挑战的重要举措。因此,设计与开发环保和可持续的适老化产品已成为重要方向,它强调了在适老化产品开发、设计、制造和回收过程中,应充分考虑环境保护、资源利用、社会公正和人类福祉等因素,在优化产品功能和性能的同时也需要注重其环保性和社会效益,鼓励采用环保材料和能源高效的设计,以减少对环境的影响,实现经济、环境和社会的可持续发展。考虑到老年人可能不愿意频繁地进行产品更换或维修,适老化产品在开发与设计时应强调产品长期使用和维护的便利性。此外,随着信息化时代的发展,科技更新迭代迅速,适老化产品的设计与开发还需具有前瞻性,能预见未来的产品发展方向,以实现资源的最大化利用。

适老化产品的设计与开发应符合我国老年人口数量庞大、健康状况多样化、经济差异大等特点和需求。国外更多将其视为一种改善老年人日常生活能力的干预手段,相关研究主要集中在康复医学领域的作业治疗专业,以及与之相关的建筑学、老年学等学科。作业治疗领域更多从促进老年人身体状况与居住环境相匹配(person-environment-fit)的角度研究适老化设计与开发,主要探讨改造需求的评估、现状的调查、干预方案的制定、改造效果的评价等议题,为作业治疗师开展相关实践工作提供指导。建筑学领域的关注重点更多体现在设计细节层面,具体包括室内空间结构布局和尺度的把握、物理环境的控制、建筑材料的选取、设施设备的选型等方面。而养老服务领域的研究则更偏向实践应用,注重适老化改造服务的组织管理、资源配置与流程优化。老年学领域的专家学者则强调,适老化改造开发与设计不仅体现在物理层面,还体现在精神和情感层面,更应兼顾其对于个人和社会的意义。

第四节　适老化产品的应用

适老化产品
的应用

老龄化趋势下,养老护理需求不断扩大,庞大的刚性需求及专业照护资源的缺乏推动了适老化产品的发展与应用。适老化产品的应用根据场景可分为行动辅助、行为监测、紧急呼救、定位追踪、卧床护理和生活护理等。适老化产品的应用有助于满足老年人的健康、社交和生活等需求,提升老年人的生活质量,提高照护效率和服务水平,降低养老机构的运营成本,保障老年人的安居生活。

一、行动辅助产品

为了满足不同的行动功能需求和缓解不同程度的行动障碍,行动类辅助器具种类繁多,包括手杖、护膝、轮椅、外骨骼机器人、防摔充气腰带等。其中拐杖、护膝、轮椅等类别的产品属于常见的移动辅具,相比较而言,外骨骼机器人则是一个新兴的产品。外骨骼机器人针对有运动功能障碍或跌倒风险的老人,使用助行机器人等设备的传感器获取人体步态规律,对人体表皮传输出来的肌电信号进行分析,预测下一步动作,辅助老年人或者残疾人完成行走、上下台阶、搬运重物的动作。产品在辅助老年人行动的同时还需保证老年人安全，在发生跌倒事故时降低身体受到的伤害。防摔充气腰带能在老人摔倒的瞬间让气囊充气，保护老人的腰部、臀部、髋部等关键部位。

二、行为监测产品

老年人由于身体机能、健康状况的退化，容易发生跌倒、脑卒中、心肌梗死等意外。针对无人看护老人意外情况的监测与报警是十分必要的，与之相关的行为监测仪器通常结合了多种传感器和智能分析技术，用于实时监控老年人的活动和行为模式，以便出现意外情况时第一时间发出警报，通知监护人并实施救助。对老年人进行行为监测是对其健康状况的一种重要关照，能够预防意外，提高生活质量，同时也给照护者带来便利。然而，进行行为监测时也应当注意保护老年人的隐私权和尊严，在此基础上再保证监测的准确性和稳定性。

三、紧急呼救产品

老年人在日常生活中常面临健康和安全方面的挑战，如独居老人摔倒、夜间迷路等，居家生活中也可能会发生火灾和煤气泄漏等意外事件。因此，老年人遇到突发情况时主动发出求助信号可使其及时获得必要的帮助。常见的适老化紧急呼救产品包括紧急呼叫项链或手表，它们通常装有一个简单的按钮，老年人需要帮助时只需按下按钮，设备就会自动通过电话线或无线网络联系紧急联系人或紧急服务中心。跌倒检测设备是指配备了传感器的可穿戴设备，能检测到用户跌倒并自动发出求助信号；听力增强电话适用于听力减退的老年人，可以放大拨打求助电话时发出和接收的声音，确保通信清晰；家庭监控系统是由运动传感器、门窗传感器等组成的网络，可在检测到异常活动时发送警告，并通过摄像头实时记录家中情况，有些甚至集成了远程对讲功能；智能居家护理系统利用家庭自动化技术，如智能灯光、智能锁等，通过一键按钮或语音控制实现紧急呼救功能；紧急按键和拉绳系统安装在家中具有风险的地方，如浴室或卧室，急需帮助时拉下拉绳或按下按键便可发出警报。一些高级设备还可以区分日常活动和实际跌倒事件，减少误报。目前老年人紧急呼救产品较多，但产品和服务不够标准化、规范化，存在紧急呼叫后续服务不完善等问题，且被动式报警装置对于失去意识的老年人形同虚设。

四、定位追踪产品

《中国走失人口白皮书（2020）》显示，2020年我国走失人数高达100万人，其中，老年人走失人数约在50万人，平均每天走失1370位老人，约占总走失人数的50%。随着年龄的增长和身体机能的不断下降，很多老年人会变得健忘、反应迟钝，甚至患上老年痴呆，这也是老人走失的主要原因。面对老年人走失事件的高发，我们可以借助适老化产品降低老人走失的可能,或在老年人走失后快速寻回。手环、定位卡、定位拐杖等都具备主动或被动定位追踪功能,一些产品还具备运动及能量评估功能,提供了方便易用、定位准确、后台支持成本低的防走失方案。然而现有的手环、手表等设备仍存在老年人不愿意佩戴、设备使用过于复杂、功能单一等问题。

五、生活适老化产品

随着人均寿命的延长和老龄化的发展,高龄老人、失能老人等需要卧床护理的老年人逐渐增多。自动护理床、防压力性损伤床垫、护理机器人、移位机器人、天轨移位机、智能轮椅等都是卧床护理场景中常见的适老化产品,这些产品具备处理二便、辅助翻身、体位调整、预防压力性损伤等功能,可实现生活辅助照护、护理监护等,并提供智能化多功能护理解决方案。常见的生活适老化产品包括助行器、助听器、老花镜等,这些设备已经被大多数老年人广泛接受并普遍应用。助行器帮助行动不便的老年人实现独立移动;助听器改善了听力下降的问题,使老年人能够更好地与他人交流;而老花镜则解决了视力衰退带来的阅读困难问题。这些适老化产品不仅满足了老年人日常生活中的基本需求,还提升了他们的生活质量,成为支持老年人独立生活的重要工具。居家环境的适老化改造,如防滑地面、体感夜灯、无障碍浴室、安全扶手、自动开关门窗系统等,降低了老年人的跌倒风险,提高了老年人的自理能力,保障了老年人的健康、安全和舒适。随着信息化的发展,政府、各机构也在积极开发信息化平台,并与生活护理服务商合作,为老年人提供生活服务。

📁 案例分析

企业转型开发适老化产品

某家电公司成立于1998年,初期以生产传统家用电器为主,包括冰箱、洗衣机和微波炉等,凭借过硬的产品质量和完善的售后服务在市场上占有一席之地。近年来,随着人口老龄化加剧以及智能化家居产品的普及,公司传统产品的市场需求逐渐饱和,增长速度放缓。在深入分析市场后,公司决定进行战略转型,开发适老化产品以拓展新市场。

转型过程中,公司依托原有家电研发和制造的经验,将适老化功能融入产品设计。例如推出了具有大字体显示、语音操作及智能提醒功能的冰箱和微波炉;开发了自带紧急报警功能、易于搬动的智能洗衣机;推出了一款帮助老年人实时监测身体状况的"健康智能饮水机"。这些产品专注于满足老年人对操作简便、安全高效和健康监测的需求。根据功能的不同,公司将适老化产品分为以下三类。

　　1.居家安全辅助类：如防滑电器、无障碍家居设备等；

　　2.智能健康监测类：如血压监测冰箱、健康饮水机等；

　　3.生活便利提升类：如语音操作微波炉、易携带洗衣机等。

　　目前，这些产品已在养老机构和社区中试点推广，并获得了广泛好评，公司逐步树立起智能适老品牌形象。然而，转型过程中，公司也面临设计成本增加、研发周期长以及如何让更多老年人接受智能产品等挑战。

【分析】

1.结合案例，简述适老化产品的特点及其在设计中需考虑的关键因素。

2.根据案例中的分类，分别列举适老化产品的三种典型应用场景，并说明其重要性。

3.针对老年人接受智能产品较慢的问题，提出两种推广建议。

复习思考题

1.你认为一个优秀的适老化产品应该具备哪些基本特征？

2.请根据老年人生理与心理特征，选择合适的适老化产品进行应用。

3.你认为适老化改造如何在物理或精神、情感层面进行体现，且兼顾个人和社会意义？

参考文献

[1] Stavropoulos T G，Papastergiou A，Mpaltadoros L，et al．IoT wearable sensors and devices in elderly care：A literature review[J]. Sensors (Basel)，2020,20(10):2826.

[2] 葛虹言.轻中度活动受限老人的行动辅助产品设计研究[D].成都：西南交通大学，2019.

[3] 国务院办公厅关于切实解决老年人运用智能技术困难的实施方案[EB/OL].(2020-11-24)[2024-10-16].https://www.gov.cn/zhengce/content/2020/11/24/content_5563804.htm.

[4] 金肖青，许瑛.失智症长期照护[M].北京：人民卫生出版社，2019.

[5] 清华大学互联网产业研究院.白皮书发布《智慧养老产业白皮书(2019)》[EB/OL].(2020-03-16)[2024-10-16].https://www.iii.tsinghua.edu.cn/info/1097/1615.htm

[6] 王杰.数字社会的适老化支持体系建设[M].北京：电子工业出版社，2023.

（楚婷、刘彩霞）

第二章

适老化产品设计的理论与原则

学习目标

- **知识目标**

  阐述适老化产品设计的基本原则;描述适老化产品设计的理论基础。

- **能力目标**

  运用相关理论,提出适老化产品设计的框架;根据所学知识,提出适老化产品设计应遵循的原则。

- **素质目标**

  培养不断探索、勇于创新的精神;增强职业认同感。

第一节　适老化产品设计的理论

老龄化趋势日渐显著,老龄化带来的各种问题给整个社会带来了巨大的挑战。适老化产品可以为老年人的生活带来便利,提高其生活质量,使其安享晚年。

适老化产品设计的理论(一)　适老化产品设计的理论(二)　适老化产品设计的理论(三)

指导产品设计的相关理论本质上是探索和研究满足用户需求的设计方法,其出发点是用户,落脚点也是用户。近几十年来,设计学科先后出现了通用设计理论、包容性设计理论、情感化设计理论、行动导向理论等,这些理论对适老化产品设计具有重要的参考价值。

一、通用设计理论

1985 年,美国设计师罗纳德·L.梅斯(Ronald L. Mace)在文章中正式使用"通用设计"(universal design)一词,强调它不是只针对身心障碍者,而是以所有人为设计对象。1988 年将其修改为"在最大限度的允许范围内,不分性别、年龄与能力,适合所有人使用且方便的环境或产品设计"。1989 年,Mace 设立了"通用设计中心"(The Center for Universal Design),目的是促进有关通用设计概念的教育及研究活动,主要进行有关住宅、公共设施、商业设施及产品使用方便性的评估、研究调查、信息咨询、技术支援、开发及推广活动。

罗纳德·L.梅斯提出的七项通用设计原则不断得到改进和调整。目前最具影响力的是美国北卡罗来纳州立大学通用设计研究中心修订的七项原则。

1.使用的公平性(equitable use)　设计时尽可能提供给不同能力的使用者相同或相似的使用方式,并使其享有平等的安全性与私密性,使用过程中能够感到愉悦与趣味性。

2.使用的灵活性(flexibility in use)　结合不同用户群体的喜好和能力状态来设计,使其感到有可选性和公平性。设计时需考虑左利手与右利手的使用兼容性,提供精准且便利的服务及普适性强的操作流程指示。

3.使用的简单直观性(simple and intuitive use)　设计的产品或环境容易理解,不受使用者的知识、经验、语言技巧能力限制。设计时尽量简洁明了,信息事项的轻重缓急编排恰当,满足使用者的直观感受和期待,并兼顾各能力层次的使用者,使用过程中或使用完成时都能够实时反馈。

4.信息的可感知性(perceptible information)　包容用户感知能力和所处环境条件的差异,设计能清晰有效地传达必要的信息。设计时能够为信息的传达提供视、听和触觉等多种表达形式,使不同能力的使用者都能获得操作协助,并能在任何环境下,第一时间辨识到重要信息。

5.信息的容错性(tolerance for error)　信息的设计应尽量减少操作或事故的风险。设计旨在最大限度地降低使用过程中的风险和错误率,并最大限度地减少或避免不正确操作产生的负面影响。

6.体能的节约性(low physical effort)　设计能以最小的体能消耗获得最大的舒适度。设计时考虑使用者的体能消耗,能让所有的使用者以最舒适的状态完成力量操作,避免重复和持续地消耗。

7.尺寸和空间的有效使用性(size and space for effective use)　具有合适的活动范围尺寸和空间,每个使用者的不同体量、动作和姿势都能被容纳,而不会妨碍操作。设计时考虑站姿和坐姿视线的不同,给予合适的视觉引导与操作高度,同时兼顾手部活动范围尺寸,为辅助装置的使用提供合理的空间。

通用设计着重考虑"以人为本",服务上让不同群体的使用者感受不到差别,尽可能做到共享与平等,创造更优质的生活;心理上考虑到不同群体使用者的自尊,有助于其情感上的接受。设计师的设计对象不应该仅考虑行动不便的残障者,而应该在设计初始阶段就以大众为基础,使设计的环境、空间,以及产品能够适合所有人使用,这也是通用设计的基本精神。

二、包容性设计理论

1994年,英国学者罗杰·科尔曼(Roger Coleman)在加拿大一次会议上首次使用"包容性设计"一词。它是一种全面的、综合的设计方法,目的是创造出适合更多人使用的产品及服务。包容性设计是对人生活中的种种障碍和不平等进行动态调节,给予大众平等的机会去参与、分享和互动。

包容性设计经过多年的发展,已形成了一系列理论及方法,其中由挪威设计委员会提出的线性包容性设计流程包括探索、聚焦、发展、产出四个阶段,每个阶段包含两个活动,具有简单直观且易操作的特点。整个过程将用户考虑其中,确保设计朝着包容的方向发展,如图 2-1 所示。

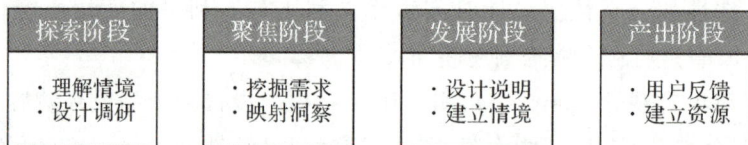

探索阶段	聚焦阶段	发展阶段	产出阶段
·理解情境 ·设计调研	·挖掘需求 ·映射洞察	·设计说明 ·建立情境	·用户反馈 ·建立资源

图 2-1　线性包容性设计四阶段

1. 探索阶段　即理解情境和设计调研。理解情境主要通过文献研究、市场研究、竞品分析和用户洞察,为后续设计奠定基础。设计调研包括提出问题,运用头脑风暴、思维导图等方法研究,制定一套寻找用户的标准,构建具体框架,最后定义先导用户,为设计提供更多灵感。

2. 聚焦阶段　即挖掘需求和映射洞察。挖掘需求是通过深入的用户研究得出数据,然后整理数据,提取关键信息,剔除无用信息,确保设计方案不会偏离总体目标和用户群体的真实需求。映射洞察则通过聚焦研究的问题,判断设计者的概念方案是否与实际调研相符,如果出现偏差则需要重新审视研究的问题并作出调整以适应新的问题。

3. 发展阶段　即设计说明和建立情境。设计说明是将前期的洞察和调研转化为设计说明,定义设计目标,选取最有发展潜力的设计方向,描述后期会遇到并且需要克服的问题,主要工作步骤为设定标准、表述设计说明和选取设计说明。建立情境是辅助设计中的概念生成,主要方法包括建立用户画像、用户角色、用户情境及角色扮演,以此还原产品在用户使用过程中的状态,从用户角度去测试产品。

4. 产出阶段　即用户反馈和建立资源。用户反馈主要是设计师或者项目团队通过提供仿真模型或者功能样机供用户测试,然后根据用户的反馈对设计方案做出调整。建立资源是将获得的数据、资源、知识和经验进行存储,建立用户数据库作为资源库。资源库可以为后续设计提供有价值的相关信息。

包容性设计强调理解用户的多样性,满足用户多样化与个性化的需求,为大众提供平等的机会去参与、互动和分享,从而使产品或服务能满足更多人的要求。从社会角度而言,包容性设计希望对社会的各个阶层给予关爱与温暖,使他们感受到来自社会的尊重。从设计角度而言,其本质内涵是将设计与人类多样性、复杂性的需求联系起来,在设计开始前充分认识到需对用户展现的包容性,尽可能多地从产品本身去适应更多的群体。从商业角度而言,包容性设计特别关注极端和特殊用户群体对产品和服务的需求,而对这部分群体需求的关注也为企业带来了商业价值和经济效益。

　　包容性设计理论传达的是人性化精神与人文理念,在其指导下的设计应时刻考虑目标群体的特征及用户需求的多样性与复杂性,甚至可以接受私人定制设计,以保证产品效果不发生偏离。从包容性的定义、内涵与外延可以看出,包容性设计拥有两大优势。首先是将用户群体分类,并关注到特殊人群,将用户群体的普遍需求与特殊需求相融合,达到最大程度的用户包容,体现出尊重、公平、友好的设计与服务。其次,在社会不断发展的过程中,包容性设计也在不断演进,逐渐成为更加全面和系统的设计理论,这不仅推动了银发产业,使产品市场更优化,也使产品的使用率和受众率大大提高,体现了社会精神文明的进步。包容性设计理论将更多的目光吸引到社会的弱势群体——老年人身上,体现了对尊老这一优良传统的继承和发扬。

　　对于老年用户而言,不同年龄段老年人的身体状态、活动能力存在较大差异,在产品设计中应该充分关注使用者的健康状态和活动能力,进而在功能设置和功能实现方面更具针对性,使得产品使用周期更具成长性,提高对不同老年人的包容度。在适老化产品设计中,通过降低对老年人操作能力的要求,扩大产品的适用对象及适用环境,提高包容度,为不同年龄阶段的老年人提供高效、便捷的服务,提升其生活品质。

三、马斯洛需要层次理论

　　1943 年,美国人本主义心理学家马斯洛提出需要层次理论。马斯洛提出人的基本需要具有层次性,并且按优势或力量的强弱排列成等级,总体归纳为生理需要、安全的需要、爱与归属的需要、尊重的需要和自我实现的需要五个层次。1970 年,在修订《动机与人格》一书时,马斯洛又在尊重和自我实现的需要之间增加了求知的需要和审美的需要。

　　1. 生理需要(physiological needs)　生理需要是指人类生存所需的一切物质方面的需要,包括对空气、水、食物、排泄、温度、活动和休息、睡眠及性的需要。它是人类最原始、最底层、最基本的需要,是推动人们行为的最强大的动力。如果生理需要得不到满足,人便无法生存。只有当生理需要得到基本满足之后,个体才会采取行动来满足更高层次的需要。

　　2. 安全的需要(safety needs)　安全的需要包括生理上的安全和心理上的安全两个意思。生理上的安全是指个体需要减轻或消除生理的威胁,如希望避免冷、热、灾难等物理条件下的伤害,避免工作、学习失败的威胁。心理上的安全是指避免发生恐惧、焦虑和忧虑等心理上的不安全感。如果安全需要得不到满足,人就会产生威胁感、焦虑感和恐惧感,从而影响正常工作、学习和生活。

　　3. 爱与归属的需要(love and belonging needs)　爱与归属的需要是指个人需要去爱和接纳别人,同时也需要被别人爱,被集体接纳,建立良好的人际关系。马斯洛认为,当人的生理需要和安全需要基本得到满足时,便开始追求与他人建立感情联系,希望得到信任、友情、爱情,同时渴望自己能属于某个群体,并寻求在团体中的一席之地。

　　4. 尊重的需要(esteem needs)　尊重有双层含义,一是拥有自尊,视自己为一个有价值的人;二是被他人尊重,得到他人的认同与重视。这个需要的满足会使个体产生自信、有价值、有控制能力及独立自主的感受,从而产生更大的动力;反之则会让人失去信心,产生自卑及无助感。

5.求知的需要(needs to know)　求知的需要是指对自己、他人、周围事物有了解和探索的需求。

6.审美的需要(aesthetic needs)　审美的需要指个体对美的事物、现象的追求,对行为完美、和谐完善的需要。

7.自我实现的需要(self-actualization needs)　自我实现的需要是指个体具有最大限度地发挥自己的天资、能力和潜力,完成与自己的能力和天赋相称的一切事情的需要。自我实现的需要是指最大限度地发挥一个人的潜能需要,实现自己的理想和抱负。它是人类最高层次的需要,只有当较低层次的需要均基本满足后,才出现此需要,并逐渐变得强烈起来。

人在不同时期的需要是具有差异性的。人总是通过各种方法和途径来满足当前阶段的需要,以维持相对平衡、健康的状态。马斯洛认为,人的一生是一个从生到死不断发展和完善的过程。在这个过程中有些需要可能得到满足,也可能获得部分满足或根本未得到满足。对于老年人的需求可按照需要层次理论进行层级划分,不同需求对应不同的层次,在设计过程中的不同环节予以体现,如图2-2所示。例如适老化产品的基本功能主要满足老年用户的生理与安全需要,在此之上,情感与尊重需要则要求设计过程关注老年用户的情感与心理,自我实现的需要则是体现在适老化产品本身的引领性和附带的社会价值上,通过对功能的优化,使老年人在使用过程中获得更好的体验。

自我实现的需要	适老化产品的附加价值与引领性
审美的需要	适老化产品的精美外观
求知的需要	适老化产品满足老年用户求知欲
尊重的需要	老年用户使用过程中的操控感、成就感
爱与归属的需要	适老化产品互动性、操作体验
安全的需要	适老化产品安全性保障
生理需要	适老化产品基本功能

图2-2　人类基本需要系统与适老化产品设计的关联

四、情感化设计理论

情感化设计理论在适老化产品设计中有着重要体现。根据唐纳德·亚瑟·诺曼(Donald Arthur Norman)在设计心理学中的层次划分,本能层、行为层和反思层均对应了不同的设计特点,见表 2-1。对于本能层,产品的外观是其直观体现;行为层反映产品在使用过程中提供的乐趣和使用效率;反思层则反映消费者的自我形象以及个人满意度。

表 2-1 情感化设计三层次理论

层次类别	含义
本能层	本层次是指产品带来的感官刺激,用户能够快速判断好坏、安全或危险。这来源于产品的物理特性
行为层	本层次是用户在产品使用过程中的情感交流与对话,以及获得的情感满足
反思层	本层次是建立在以上两个层次都满足的情况下,基于使用者文化背景、生活经历的不同,产品在用户心里留下的思考

1. 本能层　本能层是人们面对某一事物产生的不经过复杂思考的感官体验。对于本能层水平的设计,老年人从自身本能出发,对适老化产品的外观进行理解和评价。他们会倾向于接受和喜好符合自己审美偏好的设计,因此在相关产品外观设计调研中,应关注老年用户群体的感性偏好,为老年用户带来好的情感体验。

2. 行为层　行为层是人做出某个行为后,大脑所产生的具有一定思考的反应。在行为层水平的设计中,用户的使用体验是设计的关注点。对于适老化产品而言,其作为功能性产品最重要的是体现高效的性能。操作界面,以及操作界面的背景色彩、色调和功能模块很大程度上影响着老年用户的使用体验。老年用户在使用产品时需要采取一系列的操作,因此产品美观简洁的操作界面显得非常重要。愉悦的产品使用体验还需要在功能层面进行主次与层级的划分,清晰的层级划分和取舍有利于把握老年人的需求,从而给他们带来良好的使用体验。

3. 反思层　反思层是指大脑进入到深层的思考活动。这一层面会受到环境、文化、身份认同等的影响,因而更加复杂,也是三个层次中最高的层次。反思层水平的设计不仅受到环境差异的影响,还会因不同人群以及地区文化的差异而产生变化。当适老化产品与老年用户在情感上产生共鸣时,才能提高用户对于产品的认知与忠诚度,使产品成为用户情感的载体,这也是情感化设计的核心,即感性偏好和理性需求的有机结合。

适老化产品情感化设计应综合考虑老年人的情感特征与生理、心理因素,满足老年人对产品功能的需求,从而让老年人在与产品、与生活环境交互的过程中达到有机统一。另外,对产品设计情感化的表现主要是激励、关怀。激励具有增强自信心、加强情感化连接的作用,主要体现在目标激励上。通过适老化产品设计,提供老年人可以执行,并且能完成从初级到高级目标的产品,增强老年人的自信心。关怀是产品设计情感化的另一种表现,强调在产品设计中关注用户的情感需求,提供温暖、贴心的使用体验。

五、行动导向理论

行动导向源自德国的双元制职业理论,强调学习者通过自身行动发展其认知结构与实践能力。行动导向理论源于教育领域,其关键是"迁移"与"认知"的问题,具有普遍适用的特性。在行动导向理论中,产品服务的构成集合了针对性的智慧信息技术,通过系统性设计进行重组,并根据用户的反馈进行优化迭代。

智慧家居的适老化进程始终离不开高龄用户迈向智能产品的一步,行动导向概念的关键在于帮助老年人更好地适应人机交互操作,从单一类型的操作能力拓展至多项模式,降低老年人认知学习的负担和使用门槛,从而提高产品使用的依从性。新视角的探索有助于为家居产品适老化提供新的设计思路,进而提出智能家居产品适老化设计策略,优化高龄用户智能产品服务体验。

行动导向的主要教学作用是引导设计者关键能力的建立和迁移,使其建立的个性化体系可回应相似的问题或事物,并具有一定认知能力。而适老化设计旨在以老年人为本,在充分考虑老年人身体机能及行为特征的发展趋势下做出适应性设计。如果将行动导向的模式与适老化设计方法进行有机结合,就能帮助老年人更好地适应、融入智能社会环境,降低用户与智能技术之间的隔阂,如图 2-3 所示。

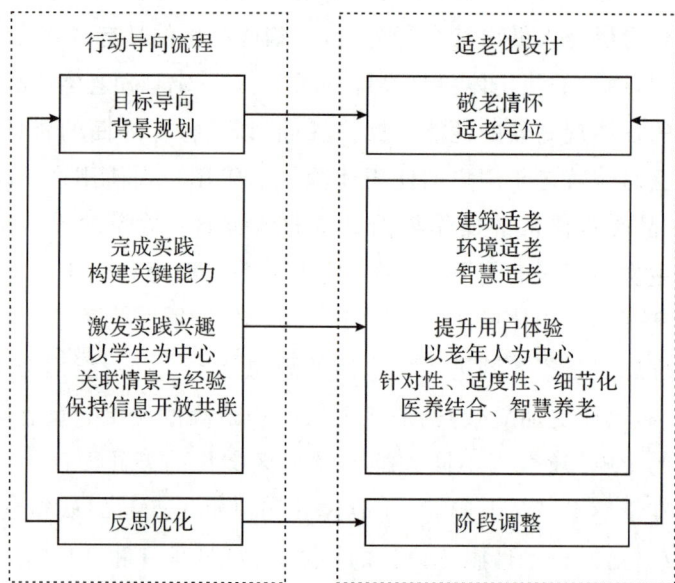

图 2-3　行动导向流程与适老化设计的关联

当家居产品对人产生一定刺激的时候,需要充分运用现代技术、设计心理等手段,引导高龄用户与产品互动向着和谐的方向发展,在任务建立、发布、引导、完成、迁移的循环过程中,产生有别于其他家居产品的新感受,从而对智能产品建立信任感与归属感,最终形成新的生活方式和行为方式。依据智能家居构成元素,对其进行三个层次的适老化设计分析。

1.技术追随功能　随着信息技术、物联网技术等的发展更新,智慧家居在功能、构成等方面不断推陈出新,主要包括智能家电、智能家具、智能硬件、云计算平台和软件系统、安防控制设备等。在智慧芯片传感器、综合管理软硬件、产品设备生产商三者自上而下构成的智慧产品生态层级中,技术作为基石,其使用的范围和程度始终是以用户体验为中心的。

2.场景引导实践　智能家居具有人-产品-环境多重交互的特征,能帮助营造安全节能、舒适效能、高度智能的家居生态圈。实践是深入挖掘用户需求的途径,依据老年人自理方式或失能、失智的生活状态,针对其健康指数与行为能力指数进行动态划分,根据实际情况和需求调整应对,并且策划出特定的设计方案。

3.服务体系包容　家居对老年人而言是休息的港湾,包容性是适老化家居服务体系的侧重点。针对居家环境,应做到随时随地地贴心服务。例如动态照明系统,能够人性化地结合日间光照强度与夜间照明需求等,在需要补充照明尤其是老年用户起床活动时及时亮起。智慧家居的服务理念是迎合老年用户的作息习惯,形成健康养生的生活方式。

六、多元智能理论

1983 年,哈佛大学心理学教授霍华德·加德纳(Howard Gardner)在其出版的《智能的结构》一书中提出多元智能理论,即人类智能不是仅一种能力或者以某一种能力为中心的,而是"独立自主,和平共处"的多种智能,是相互联系的、具有神经科学基础的心理能力的集合。它存在于每个人、任何年龄、任何条件、任何文化中,除了语言和数理-逻辑两种智能外,每个人都至少拥有八种智能形式,如图 2-4 所示。

多元智能理论对智能的分析更加全面和彻底,它改变了传统智能以语言能力、数理-逻辑能力为核心的观点,强调各种智能是平等的、多元的、发展不平衡的,

图 2-4　多元智能理论

并且无法以数字来量化,是一种解决问题和生成产品的实践能力。这一理论为人类认识智能带来全新的启发。

通过对多元智能理论的分析,可以将其要点归纳为以下几点。

1.智能具有多元性　每个人都同时拥有相对独立的八种智能,由于遗传与环境因素的差异,每个人的各项智能发展水平是不均衡的。

2.智能具有相对独立性　人的八种智能,在相当程度上是彼此独立存在的。大脑皮层某一区域受损会影响相关智能的发挥,但对其他智能并没有实质性的影响。

3.智能具有发展性　智能存在于全部的年龄段中,通过后天的学习和培养,大多数人的智能都能得到适度的发展。

4.智能发展顺序不同　八种智能的发展顺序各不相同,衰退特点也存在差异。每种智能都有其独特的发展顺序,它们在人生的不同时期出现、发展和成熟,并且每一种智能都有发展的关键期。

5.智能之间相互连接　各种智能有机组合,相互作用、相互影响,并且表现形式多种

多样。

根据多元智能理论，每一种智能都在幼年时期萌发，而后在生命历程的不同时期苗壮，其后随着个人年龄的增长而老化。研究表明，人出生时大约有 140 亿个大脑细胞，随着年龄增长，脑细胞不断死亡，到 18 岁左右，智力已经成熟，进入老年期后，脑功能逐渐衰退，但由于生存着的其他脑细胞代偿作用，大脑的活动仍能保持，以维持正常的智力。因此，老年人的智力并没有像人们所认为的那样全面退化，只是在某些方面有所减弱，在退化过程中神经系统会不断寻求新的平衡，以尽可能长时间地维持其工作，因而仍然具有很大的可塑性，某一方面的智力还可能有缓慢的增长，这也为活跃老年人的多元智能提供理论依据。

通过对多元智能衰退机制的分析可知，老年时期是智能快速衰退的阶段，有效延缓智能衰退对老年人具有重要意义，而玩具是众多方式中的最佳选择之一，益智玩具可以延缓老年人智能衰退，帮助老年人度过幸福的晚年生活。将多元智能理论导入老年玩具设计领域，可为老年玩具的设计提供新的视角。

知识链接

适老化产品的市场前景

1977 年出生的汪明做过司法培训、公务员培训名师、公务员。让汪明毅然决然扔掉"铁饭碗"，投身养老事业的是他与父亲的一段往事。2013 年，汪明的父亲因风湿病卧床不起。为了更好地照顾父亲，汪明四处寻找"适老化产品"，可是他跑遍了各大药店和医疗器械厂，搜遍了电商网站，找遍了老年医院和康复中心，都没有找到合适且便利的适老化产品。

父亲所面临的窘境带给汪明极大的触动，他突然意识到像父亲这样的失能老年人全国还有 4000 万人，仅凭一个小小公务员，能为中国的养老事业做的事情是有限的，真正能够助力养老产业快速发展，还需要市场的力量。

2015 年初，汪明正式离开机关单位，带着梦想走上具有巨大风险的创业之路。经过近一年的精心筹划部署，2015 年底，南京福康通健康产业有限公司正式成立。汪明把福康通的服务方向分为两端：一端是帮助厂家设计和研发各类"适老化产品"；另一端是引导市场消费需求，满足老年人尤其是失能老年人对医疗和护理服务的需要。各种各样的适老化产品陆续登上"福康通"的互联网平台，业务涉及老年护理用品、医疗器械、老年药品、康复辅具、养老信息化、智能穿戴和养老机器人七大板块，汪明把这个平台命名为"养老家"，通过"互联网＋"把各类养老产品和服务汇集在这个平台上，致力于为养老机构提供一站式采购方案。

案例分析

"Drug Manager"药品管理器

忘记服药是老年人经常为之苦恼的事情。记忆力衰退导致错服、多服会造成严重的后果,除此之外,老年人视力较差,难以识别一些冗长的药品说明书,当服用药品的类目增多之后,对于老年人来讲,找到需要的药品会更加困难。

"Drug Manager"是针对服药用量问题进行的辅助服药方案设计,主要包括下列功能:①扫码获取药物信息。通过扫描药物条形码或者溯源码查询信息,包括药品基本信息、说明书,通过溯源码还可以获取药品保质期。②药品身份贴纸。药品经过扫码后会滚出带序号的身份贴纸(药盒本身不具有打印功能,贴纸根据产品批号记录于 App 中,机器会根据批号联网读取整卷贴纸的信息)以此降低成本。信息会被完整地记录,即使药品包装被丢弃,也可以根据身份贴纸查看各种信息。③产品具有每日服药提醒功能。可设置四个常用药品提醒空格,到所设定的服药时间时,灯光亮起,同时播报语音,提醒老年人服药。④产品具有感知药物重量变化的功能。四个提醒空格内均置电子秤,通过重量的变化监测服药情况,精准记录药物忘服、错服等情况。服药者的家属可随时在 App 内查看数据,了解服药情况。

这些数据都可以通过手机 App 获取,简单易懂。这种操作方式对老年人十分友好,家属不在老年人身边时,就可以通过 App 了解其服药情况。"Drug Manager"作为生产成本低、学习成本低的产品,能够很好地进入市场,服务于消费者。

【分析】

1."Drug Manager"药品管理器的设计遵循了适老化产品设计的哪些原则?

2.该产品适合哪些老年人使用?

3.如何指导老年人使用该产品?

第二节　适老化产品设计的原则

基于老年人身体、心理特征,老年人群对于适老化产品的安全性、功能性、易用性等因素很关注,以确保使用便利且不会受到伤害。适老化设计应坚持"以老年人为本"的设计理念,从老年人的视角出发,切实感受老年人的不同需求,从而设

适老化产品设计的原则(一)　适老化产品设计的原则(二)　适老化产品设计的原则(三)

计出适应老年人生理及心理需求的产品,最大限度地帮助身体机能衰退,甚至是功能障碍的老年人,为他们的日常生活和出行提供方便。适老化产品设计应秉持"以人为本"的设计理念,更要以产品使用的安全性、无障碍性、智能性、互动性、舒适性、人文关怀性为原则进行设计。

一、安全性原则

安全性是适老化产品设计的首要原则。由于老年人反应迟钝、行动不便等原因,在面临危险时不能很好地提前察觉与制止。因此,适老化产品在满足老年人群需求的同时还要确保质量和安全性。适老化产品的安全性是关系到老年人能否正常使用产品的根本。在设计过程中要考虑生理安全性和心理安全性。

(一)生理安全性

适老化产品设计的生理安全性包含三个方面的要求。

1.材料选择　材料分为直接接触人体的材料和间接接触人体的材料两大类。①直接接触人体皮肤的材料,如座椅、扶手、手柄等,其面料安全性应达到医用或食品级标准。这类材料应无毒、无味、无刺激性,避免引发过敏、感染等皮肤问题。材料的表面应光滑、柔软,以减少对老年人皮肤的摩擦和损伤。②间接接触人体的材料,如产品的外壳、框架等,虽然不直接与皮肤接触,但其安全性也不容忽视。这些材料应同样具有耐用性和抗腐蚀性,避免在使用过程中产生有害物质,对老年人造成潜在的安全威胁。对于可能释放有害物质的材料(如塑料、涂料等),应严格控制其有害物质的含量,确保在安全标准范围内。

2.产品操作　产品的控制按钮、开关等应设置在易于操作的位置,方便老年人使用,而且不易误操作。同时,产品还应提供明确的操作提示和反馈,以帮助老年人正确、安全地使用。产品的尺寸和重量也要适中,方便老年人搬运和使用。

3.产品结构　产品的结构、造型不要过于复杂。产品的结构分为内部结构和外部结构,外部结构不要有太锐利的地方,以防误伤;内部结构对于产品的整体性能和功能至关重要。产品的骨架设计应考虑到其承重能力和稳定性,以保障老年人在使用过程中的安全,还要有足够的强度和耐久性,以承受长时间的使用和可能的外力冲击。另外,内部结构还应包括必要的安全防护措施,如防夹手设计、防倾倒设计等,以减少老年人在使用过程中可能遇到的意外伤害。未来在智能型适老化产品的研发、设计中,产品可考虑具备提前预防、感知、应对危险的功能。

(二)心理安全性

心理安全性在适老化产品设计中是一个至关重要的考虑因素。心理安全性即适老化产品带给老年人的安全感,主要体现在两个方面。

1.可识别性　产品的安全防护等级(包括电安全)以及不能入口、儿童不可触摸等警示需要明显、易懂的标识。产品的设计应该注重情感化因素，如提供友好的交互界面、及时的提示或反馈及社交互动功能等，以确保老年人在使用过程中感到安心和愉悦，有助于降低老年人的焦虑感和不安感。

2.情感支持　产品设计应考虑到老年人的情感需求，如提供陪伴、安慰等功能。这有助于增强老年人的归属感和安全感，提高老年人的使用体验和生活质量。

适老化产品设计时考虑生理性安全和心理性安全两个方面，它们共同为老年人提供全面、贴心的安全保障。在设计和生产适老化产品时，充分考虑这两方面的需求，以确保产品符合老年人的使用需求和安全要求。

二、易用性原则

适老化产品的易用性原则是指在设计和开发过程中，确保产品易于老年人使用和理解，减少他们在操作过程中可能遇到的困难和挫败感。易用性原则是适老化产品设计中至关重要的一部分，因为老年人的学习能力和适应能力相对较弱，他们需要更简单、直观的产品来满足他们的需求。

易用性原则要求产品的操作界面简洁明了，避免过多复杂的功能和按钮，以减少老年人在使用过程中的认知负担。产品的功能设置应该符合老年人的日常生活需求，并提供明确的操作提示和反馈。例如，使用大字体、高对比度的显示屏幕，以及明确的图标和按钮标识，来提高产品的可视性和易用性。

易用性原则强调产品的交互方式应该符合老年人的操作习惯和经验。老年人可能更习惯使用传统的操作方式，如旋钮、开关等，而不是触摸屏等高科技操作方式。因此，设计师应该注重产品的交互设计，提供符合老年人操作习惯的控制方式。

易用性原则需要产品提供清晰明确的操作指导和使用说明。老年人对于新技术的接受能力较弱，需要更详细的指导和说明来帮助他们正确使用产品。产品应该提供用户手册、操作视频等辅助材料，并注重可学习性和可记忆性，使老年人能够轻松掌握产品的使用方法。

适老化产品的易用性原则要求在设计和开发过程中全面考虑老年人的认知、操作习惯和身体机能等因素，确保产品易于使用和理解。通过简洁明了的操作界面、符合老年人操作习惯的控制方式、清晰明确的操作指导等设计，可以提高产品的易用性，减少老年人在使用过程中遇到的困难，降低其挫败感，提升他们的生活质量和满意度。

三、促进"五感"体验原则

在适老化产品设计中，促进"五感"体验原则是指通过设计手段，增强老年人的五种感官体验，即视觉、听觉、嗅觉、味觉和触觉，以提升他们的生活质量和幸福感。随着年龄的增长，老年人的感官能力可能会有所下降，而通过设计来刺激和增强他们的感官体验,可以帮助他们更好地感知和享受周围环境,提高生活质量。

1.视觉体验　适老化产品应该注重色彩搭配和视觉元素的设计,如使用高对比度的色彩、大字体和清晰的图标等,以适应老年人的视觉感知能力。同时,产品的外观和造型也应该符合老年人的审美需求,让他们感到愉悦和舒适。

2.听觉体验　适老化产品可以通过提供清晰的声音提示、音乐播放和语音交互等功能,来增强老年人的听觉体验。例如,智能音箱、助听器等产品可以帮助老年人更好地感知声音,提高他们的生活质量。

3.嗅觉和味觉体验　嗅觉和味觉体验也是适老化产品设计中需要考虑的因素。例如,可以通过设计具有香气释放功能的家居用品,如香薰灯、香氛机等,来刺激老年人的嗅觉体验。同时,适老化餐具、食品等也可以注重口感和味道的设计,在未来开发智能化产品的时候,还可以设计不同场景的嗅觉氛围,以满足老年人的味觉需求。

4.触觉体验　适老化产品应该注重材质的选择和表面处理工艺,如使用柔软、舒适的材质,以及防滑、易握的设计等,以提高老年人的触觉体验。例如,适老化家具、卫浴产品等都可以注重触感的设计,让老年人在使用过程中感到舒适和安心。

促进"五感"体验原则在适老化产品设计中具有重要意义。通过注重色彩、声音、香气、味道和触感等感官体验的设计,可以增强老年人的感知能力,提高他们的生活质量和幸福感。同时,这也符合人性化设计的理念,让老年人在使用产品时感到更加舒适和愉悦。

四、智能化原则

适老化产品的智能化原则是指在设计和开发过程中,充分利用现代科技手段,使产品具备智能化功能,以满足老年人在生活、健康、安全等方面的需求。随着科技的发展,智能化产品能够为老年人提供更加便捷、高效和个性化的服务。

1.适老化产品需要具备自动化、智能化的功能　例如,智能家居系统可以通过语音控制、自动感应等方式,帮助老年人更方便地控制家电设备、调节室内环境等。智能健康监测设备可以实时监测老年人的身体状况,如血压、心率、血糖等,并及时提醒老年人进行必要的调整和治疗。

2.适老化产品重视易用性和可访问性　智能化产品应该具备简单易用的操作界面和交互方式,方便老年人操作和使用。同时,产品还应该提供清晰明确的信息反馈和提示,以帮助老年人更好地理解和使用。

3.适老化产品强调可扩展性和可定制性　随着科技的发展和老年人需求的变化,适老化产品应该具备可扩展的功能和可定制的选项,以满足不同老年人的个性化需求。例如,智能健康监测设备可以根据老年人的具体需求进行定制和调整;智能家居系统可以通过添加新的设备或模块来扩展功能。

通过智能化、自动化的功能设计,易用性和可访问性的提升,安全性和可靠性的保障,以及可扩展性和可定制性的实现,产品智能化可以为老年人带来更加高效、便捷和个性化的服务体验。

五、互动性原则

适老化产品的互动性原则是指在设计和开发过程中,注重产品与老年人之间的互动和交流,以满足他们的认知、情感和社交需求,提高产品的使用体验。这一原则对于老年人融入社会至关重要,因为随着年龄的增长,老年人可能会感到孤独、失落、与社会脱节。通过增强产品的互动性,可以促进老年人与他人之间交流和分享,从而提升老年人的幸福感和满足感。

1.适老化产品应该具备社交和分享功能　老年人渴望与他人交流、参与社交活动。因此,适老化产品可以融入社交功能,如智能相机可以支持一键上传照片到社交平台,让老年人能够方便地分享自己的生活瞬间;智能音箱可以支持语音通话、发送消息等,让老年人能够与家人、朋友保持联系。

2.适老化产品注重老年人认知能力的刺激和提升　老年人通过互动操作可以锻炼大脑、延缓认知功能衰退。因此,适老化产品可以设计一些益智游戏、智力挑战等功能,以激发老年人的思维活力和创造力。

3.适老化产品应该具备适应性和个性化特点　老年人的兴趣和需求具有多样性,适老化产品需要根据不同老年人的特点和喜好进行个性化设置和调整。同时,产品还应该具备适应老年人操作习惯的能力,如提供多种交互方式选项,以满足不同老年人的需求。

适老化产品的互动性原则要求在产品设计和开发过程中注重与老年人之间的互动和交流。通过社交和分享功能、对认知能力的刺激以及个性化和适应性的考虑,可以优化产品的使用体验,提升老年人的幸福感和满足感。

六、人性化原则

适老化产品的人性化原则强调产品应该符合老年人的身体机能、感知能力、心理需求和使用习惯,确保他们能够轻松、愉快地使用产品。

1.强调产品的舒适性　老年人的身体机能和感知能力有所下降,因此产品应该注重符合人体工程学和人体力学原则,如调整产品的高度、角度和尺寸等,以适应老年人的身体特点。此外,产品还应该使用柔软、舒适的材质,以及提供适当的支撑以确保老年人在使用过程中保持稳定并感到舒适和放松。

2.注重产品的多样性　适老化产品能给老年人的日常生活提供便利,提高他们的生活自理能力,还会带给老年人心理上的安慰。比如产品可以增添一些益智类游戏,以缓解老年人心理上的压力,增强大脑运动。另外,要着重考虑产品的颜色、风格、材料等因素。因此,在设计产品时不要局限于常规金属材质的制作,而需要感受老年人周边生活环境等多方面要素,设计出属于他们的适老化产品。

设计者需要深入研究老年人的生理特点和心理需要,充分考虑老年人的生活习惯,重视每一个细节的设计,将"以人为本"的设计理念贯穿始终,促进老年人的社会融入,提升其幸福感,实现产品的真正价值。

七、容错性原则

适老化产品的容错性原则是指在设计和开发过程中,考虑到老年人可能出现的操作失误或错误,产品应具备一定的容错能力,以减轻老年人的挫败感,优化产品的使用体验。这一原则强调产品能够容忍老年人的错误操作,并提供相应的提示、引导和补救措施,以帮助老年人顺利完成操作。

1.适老化产品需要具备预防和提示功能　在设计产品时,应尽可能考虑老年人可能出现的错误操作,并采取相应的预防措施。例如,通过优化操作流程、提供明确的操作提示等方式,降低老年人出现错误的可能性。同时,在产品使用过程中,当老年人出现错误操作时,产品可以及时给出明确的提示和引导,帮助老年人认识到错误并进行纠正。

2.适老化产品应该具备自动纠错能力　当老年人出现错误操作时,产品应能够自动判断错误的类型,并采取相应的纠错措施。例如,对于输入错误的情况,产品可以自动清除错误输入并提供重新输入的机会;对于操作顺序错误的情况,产品可以自动调整操作顺序或提供操作建议等。

3.适老化产品应该能够提供撤销和恢复功能　当老年人意识到自己的错误操作后,产品应该能够提供撤销功能,允许老年人撤销之前的操作并回到默认的状态。同时,对于已经产生的错误结果,产品应该能够提供恢复功能,帮助老年人恢复到正确的状态或数据。

适老化产品的容错性原则要求在设计和开发过程中考虑到老年人可能出现的操作错误,并提供相应的预防和提示功能、自动纠错和容错处理能力、撤销和恢复功能。这样可以优化产品的使用体验,减轻老年人的挫败感,并帮助老年人更加顺利地完成操作。

八、经济性原则

适老化产品的经济性原则是指在设计和开发过程中要充分考虑产品的成本、价格以及长期使用的经济效益,确保产品既符合老年人的实际需求,又不会给他们带来太大的经济负担。这一原则强调在满足老年人基本需求的前提下,追求产品的性价比和可持续性。

1.适老化产品在设计和制造过程中需注意控制成本　包括选用合理的材料,优化生产工艺,降低制造、售后及维护成本等。通过合理的成本控制,可以使产品在保证质量的前提下,价格更易于被老年人接受。

2.适老化产品的价格应与老年人的支付能力相匹配　老年人的消费观念相对传统,价格是他们购买产品时的重要考虑因素。因此,适老化产品的定价应充分考虑老年人的支付能力和消费习惯,确保产品价格透明、合理,避免给老年人带来经济压力。

3.适老化产品在使用过程中应具备较高的经济效益　包括产品的耐用性、能源消耗、维修成本等方面。通过提高产品的耐用性和降低维修成本,可以减少老年人在使用过程中的经济支出。同时,优化产品的能源消耗,可以提高产品的环保性能。

通过满足适老化产品的经济性原则,可以确保适老化产品既符合老年人的实际需求,又不会给他们带来过大的经济负担,从而实现产品的经济效益和社会效益双赢。

总之,遵循产品设计的相关理论,结合前期市场调研,确定设计的原则和角度,可以增强适老化产品设计的合理性,有利于设计出优秀的产品。

复习思考题

1.一个优秀的适老化产品应该遵循哪些基本原则?

2.结合某个适老化产品,阐述其设计过程中体系化的设计原则。

3.以某个理论为基础,提出其对适老化产品设计的指导框架。

参考文献

[1] 董玉妹.为新老龄而设计:设计赋能积极老龄化的理论与方法[M].北京:中国轻工业出版社,2022.

[2] 郭会娟,刘思雅,方平龙.基于行动导向的智能家居产品适老化设计策略研究[J].宿州学院学报,2023,38(10):56-60.

[3] 胡飞,张曦.为老龄化而设计:1945年以来涉及老年人的设计理念之生发与流变[J].南京艺术学院学报(美术与设计版),2017(6):33-44.

[4] 阚伶宜.基于通用设计理论的居家养老室内空间设计研究[D].武汉:武汉工程大学,2019.

[5] 马鹤洋.失智老人家庭的陪护产品设计研究[D].鞍山:辽宁科技大学,2022.

[6] 吴萍,彭亚丽.适老化创新设计[M].北京:化学工业出版社,2021.

[7] 杨杰.基于情感化设计理论的适老化家具设计研究[D].雅安:四川农业大学,2019.

(杨莉莉)

第三章

适老化产品设计与开发的规划与组织管理

学习目标

- **知识目标**
  1. 阐述适老化产品设计与开发规划的基本内容；
  2. 描述适老化产品设计与开发的组织概述。
- **能力目标**
  1. 运用相关理论，提出适老化产品设计与开发的组织特征和联系；
  2. 根据所学知识，提出适老化产品设计与开发的管理需要遵循的原则。
- **素质目标**
  培养团结合作、积极进取的精神；增强沟通能力和解决问题的能力。

第一节　适老化产品设计与开发的规划

| 适老化产品设计与
开发的规划（一） | 适老化产品设计与
开发的规划（二） | 适老化产品设计与
开发的规划（三） | 适老化产品设计与
开发的规划（四） |

一、适老化产品设计的规划

适老化产品设计规划是企业依据整体发展战略目标和老龄化背景，结合外部动态形势，合理地制定本企业适老化产品的全面发展方向和实施方案，并提出一些关于周期、进度等具体问题解决方案等的整体策划、设计过程。适老化产品设计规划在时间上要领先于适老化产品开发阶段，并参与适老化产品开发全过程。

（一）制订适老化产品设计阶段的时间计划

适老化产品时间计划是项目设计活动中的关键。首先需要明确适老化产品的目标、可交付成果和所需功能,以便为项目制订时间计划。将整个项目设计划分为不同阶段,每个阶段包含一系列相关任务,并估算每个任务的完成时间,再确定任务之间的依赖关系,即哪些任务必须在其他任务完成之后才能开始。同时制订时间计划,在计划中包括每个任务的开始和结束日期,以便把控适老化产品整体设计所需时间。需要注意的是,时间计划是一个动态的过程,可能需要根据实际情况进行调整。同时,项目经理应与团队成员密切合作,确保任务的合理分配和进度的有效管理。

(二)确定各部门工作内容,明确责任和义务,建立奖惩制度

明确各部门和工作人员在项目中的具体职责和任务,确保每个人都清楚自己的工作内容和目标。确定各部门之间的合作要求,明确沟通和协作的方式和频率,建立有效的沟通渠道,以利于信息流动和问题解决。确保各部门人员能够明确自己的责任和义务,并理解其在项目成功中的重要性。同时建立奖惩制度,保证透明和公正,定期评估团队成员的绩效和奖惩制度的有效性,并根据实际情况进行必要的调整和改进。项目经理应积极引导和支持团队成员,以确保他们能够达到预期的绩效和贡献。

(三)确定适老化产品的开发特性、目标、要求等内容

深入了解企业的长期战略和目标,包括市场定位、目标用户和竞争优势等,将有助于确定适老化产品的定位和发展方向。调研老年群体的需求和市场趋势,了解老年人的特点、痛点和偏好,将有助于确定适老化产品的开发特性和功能要求。同时设定适老化产品的目标,包括用户数量、市场份额、用户满意度等方面的指标,以确保产品的成功和可持续发展性。根据适老化产品的定位和目标,确定产品的技术要求和开发方向。考虑到老年人的特点和需求,可能需要关注产品易用性、可访问性、安全性等方面的技术要求,以及考虑可持续发展的未来方向。

(四)适老化产品设计及生产的监控和阶段评估

确定适老化产品设计和生产的关键指标,例如产品性能、可用性、安全性等方面的指标。这些指标应与产品的目标和要求相对应,并能够衡量产品的质量及符合用户需求的程度。建立适老化产品的监控系统,包括数据收集、分析和报告机制等,确保及时收集和监控关键指标的数据,并进行分析和评估,以便及时发现和解决问题。将产品设计和生产过程划分为不同的阶段,在每个阶段结束时对产品进行评估,包括设计的准确性、生产的质量和符合老年用户需求的程度。积极收集老年用户的意见和反馈,通过用户测试和调研等方式了解他们对产品的体验和满意度。将用户反馈纳入监控和评估系统,以便及时调整和改进产品设计和生产过程。建立质量控制措施,包括检查和测试产品的质量。在发现问题或不符合要求的情况下,采取纠正措施,并确保问题不再重复出现。这将有助于提高产品的竞争力和用户满意度,促进产品的成功和可持续发展。

(五)适老化产品风险承担的预测和分布

适老化产品风险承担的预测和分布是一个复杂的过程,需要综合考虑多个因素。

首先需要对适老化产品进行全面的风险评估,包括技术风险、市场风险、法律风险等。通过分析历史数据、市场趋势和相关研究,预测可能的风险事件和潜在影响。根据风险评估的结果,确定适老化产品风险的分布和分配方式,包括确定风险的概率分布、风险事件的严重程度以及各方的风险承担比例。并制定风险管理和控制措施,以减轻潜在风险的影响,包括制订风险管理计划、实施风险控制措施、购买适当的保险等。在与相关方达成协议或签订合同时,明确适老化产品风险的分布和承担方式,通过合同条款、责任限制和免责条款等方式来约定各方的权利和责任。同时持续监测适老化产品的风险承担情况,定期评估风险分布的准确性和有效性,并根据实际情况进行调整和改进。

(六)适老化产品的宣传与推广

适老化产品的宣传和推广是非常重要的,可以提高产品的知名度,吸引老年用户,促进销售和市场份额的增长。首先根据目标用户群体的需求、偏好和购买行为,确定宣传和推广的重点和策略。选择适合老年用户的传播渠道,包括线上和线下渠道。线上渠道包括社交媒体、电话营销、搜索引擎优化等;线下渠道可以包括展会、活动、专业机构等。制作有吸引力和有价值的内容,如文章、视频等,以展示产品的特点、优势和解决老年人需求的能力,并确保内容易于理解和分享。通过口碑营销、用户推荐、与专业机构合作、定期组织推广和培训活动等方式吸引目标用户。定期分析宣传和推广活动的数据,了解其效果和回报。根据数据分析结果,优化宣传和推广策略,提高投资回报率。

(七)适老化产品的营销策略

深入了解老年受众的年龄段、生活方式、兴趣爱好、健康状况等信息,以便更好地满足他们的需求和期望。突出产品的特点和优势,重点强调其对生活的改善和便利性,例如提高生活质量、促进健康等。通过教育性的内容和信息来提高老年人对适老化产品的认知和理解,例如提供关于产品的使用指南、健康知识、老年人生活技巧等。同时借助社交媒体宣传和与专业机构合作等方式吸引老年人的关注和参与。根据老年人个体需求差异,提供个性化的产品定制和试用机会,让老年人亲自感受产品的好处和效果,通过提供高质量的产品和服务,赢得其信任和口碑推荐。基于老年人经济状况和购买力,制定合适的价格策略,例如提供老年人优惠、分期付款或灵活的购买方式等。最后建立良好的客户关系,提供持续关怀和售后服务,及时回应用户的问题和需求,解决问题,保证良好的用户体验。

(八)适老化产品的市场反馈及分析

通过观察市场趋势,了解未来适老化产品的发展方向。借助问卷调查、访谈等方式,了解老年人对适老化产品的需求和偏好,例如他们更倾向于购买哪些类型的适老化产品,对产品的功能和特点有哪些要求等。同时了解竞争对手的产品特点、定价策略、营销策略等,分析其优劣势,以及在市场上的表现,以了解市场竞争情况,分析如何在市场中与竞争对手进行差异化竞争。根据市场反馈和分析结果,制定适合企业的营销策略,例如确定产品定位、定价策略、推广渠道、售后服务等。同时收集老年人的使用反馈,分析他们对产品的评价和意见,例如他们认为产品的哪些方面需要改进,对哪些功能最满意等,并根据反馈结果进行调整和优化。

(九)建立适老化产品档案

建立适老化产品档案可以帮助企业更好地了解产品特点、市场需求和用户反馈。记录产品的基本信息,如名称、型号、尺寸、材质、功能等内容,以了解产品的特点和适用范围。收集市场对适老化产品的需求信息并记录,如消费者群体、销售渠道、市场规模、竞争对手情况等,以便于企业制定营销策略和销售计划。保存用户对适老化产品的评价和反馈,包括使用体验、满意度、改进意见等,有助于企业了解用户需求和产品的不足,进而改进和优化。建立适老化产品的质量控制体系,包括原材料采购、生产工艺、品质检测等环节,确保产品质量符合相关标准。根据用户反馈和市场需求,对适老化产品进行维护和升级,及时修复产品问题,提高产品性能,以满足市场和用户需求。最后建立适老化产品档案的管理制度,确保文档的完整性和准确性。对文档进行分类、编号和备份,以方便查询和使用。

这些内容都需要在适老化产品设计启动前安排和定位,虽然具体工作涉及不同的专业人员,但其结果却是相互关联和相互影响的,最终通过交集完成一个共同的目标,体现共同的利益。在整个过程中需存在一定的标准化操作技巧,同时需要专职人员疏通各个环节,监控各个步骤,其间既包括具体事务管理,也包括具体人员管理。

知识链接

App"适老化"

2020年12月,工信部明确声明:从2021年1月起,开展为期一年的"互联网应用适老化及无障碍改造专项行动",着力解决老年人、残疾人等特殊群体在使用互联网等智能技术时遇到的困难。首批优先推动新闻资讯、社交通信、生活购物、金融服务、旅游出行及医疗健康6大类共43个App进行适老化及无障碍改造。

针对以上App进行设计规划时,应当结合老龄化趋势和老年人生理心理特征考虑以下5个方面的内容。

1.App名称规划　有些长辈对"老"比较敏感,因此在构思适老化版本App的名称时,要避免使用"老年版""老人版""适老版"等含有"老"字的名称,可以在结合产品特征的情况下使用"关怀版""关爱版""长辈模式""极简版""无障碍版"等来代替。

2.界面规划　界面设计需要适应老年人视力和思维特点。界面字体和图标要大；文字和背景对比度要高；界面文案要通俗易懂，如将"刷新"更改为"换一批"；避免广告和图片验证码等出现不可读、难读元素。

3.交互规划　交互设计需要摒弃"做增长""唯 KPI""唯数据"的思维。适老化App 的交互需要简单直接，减少复杂操作，且要统一交互方式，让老人知道每次操作会出现什么。

4.信息结构规划　内容做好分类，清晰易懂；信息层级不宜过深，信息导航不宜多个维度嵌套，2～3 层为宜，不让长辈"迷路"。

5.功能规划　功能的适老化规划设计是最困难和最具挑战性的一部分内容。需考虑应该给老年人提供哪些功能？是否需要针对老年人单独提供内容推荐算法？以及是否要针对老年人提供一些专属的功能或服务，如提供电话客服、电话打车等？

App 适老化正在逐渐启动，在做产品设计与规划时，需要设身处地地代入老年人思维和视角，设计出真正为老年人所用的产品。

二、适老化产品开发的规划

产品开发规划是将要执行的产品开发项目进行组合的周期性过程。适老化产品开发规划需要确定将要开发的产品组合及其投放市场的时间安排。规划过程应考虑由各种因素所确定的产品开发机遇，包括来自市场、用户、开发团队的建议以及与竞争对手的比较等。适老化产品开发规划应有规律地不断更新，以反映竞争环境的变化、技术的变化和现有产品的信息。制定产品开发规划还应考虑公司的目标、能力、约束和竞争环境。

针对具体的适老化产品开发内容，应考虑以下问题：如何界定本次开发的适老化产品？需要具备何种专业技能的团队成员？需要向老年消费者提供什么服务？在时间、资金、人力及设备方面存在哪些限制？需要什么资源？

因此，制定适老化产品开发规划，需要确认市场机遇，项目评估和优先级排序，分配资源和安排时间，完成项目前期规划，对结果和过程进行反思。

虽然产品开发规划过程表现为线性过程，但选择有希望的适老化产品项目和分配资源的行为本质上是迭代（包括产品的全部开发活动和使用该发布必需的所有其他外围元素）的。时间表和预算的实际情况，迫使产品需要经常对优先级进行重新评价，并对潜在项目进一步细化和提炼。适老化产品规划的不断调整对企业和产品的长远成功来说是至关重要的。

（一）确认市场机遇

适老化产品开发规划的过程开始于对开发机遇的确认，这一步往往是由企业各种资源输入汇集,也称"机遇漏斗"。这些资源具体包括销售人员、技术开发组织、产品开发团队、制造和运作组织、当前或潜在客户,还有第三方,如供应商、发明者、商业伙伴等。同时,企业更应主动去尝试创造机遇,例如在当前基础上仔细研究竞争对手的产品;追踪最新技术状态,以促使基础研究和技术开发得到相应的技术支持,并转化为产品开发;记录客户体验后对产品的意见和反馈;注意现有的适老化产品类型中的技术,以及新适老化产品类别趋势中所蕴含的内容和机遇;访谈领先客户,重点关注他们做出的创新和对现有适老化产品提出的可能的改进;通过销售部门或者客户服务系统,全面收集当前客户的建议等。将收集的信息整理、提炼,以简短连贯的语句描述每一个机遇,并进行记录分析。

(二)项目评估和优先级排序

一般情况下,如果企业积极主动创造机会,"机遇漏斗"在一年中可以收集几百甚至几千个机遇。这些机遇中有些可能对公司长期战略以及老龄化背景下的其他活动没有意义,而在大多数情况下,可以让公司立即着手的机遇又实在太多。因此,适老化产品开发规划过程的第二步是要选出最有希望的产品项目。在现有适老化产品领域中,一般从 4 个方面对产品项目进行评价和优先级排序,即具有的竞争优势、所占的市场区域、所采用的技术路线、已有的产品平台资源。

(三)分配资源和安排时间

根据企业的具体情况,公司不可能承担所有期望适老化产品开发项目的投资重负。因为时间安排和资源分配总是向最有希望的适老化产品项目倾斜,所以总有太多的产品项目竞争有限的资源,其结果是在分配资源和安排时间的过程中,几乎总是会返回上一级评估和优先级排序步骤进行判断,反复评估该项目的可投资性,以削减部分项目的投入。

(四)完成项目开发前期规划

产品项目批准后,在对实质性资源进行分配之前,需要对项目进行前期规划。规划的目标可能非常概括,不会说明将采用何种特定的新技术,也不指明各种功能。因此,为给产品开发组织提供明确的指导方向,团队需要选择目标市场,并对开展工作所需的条件进行详细的定义,一般采用制定任务书的形式。任务书一般包括对产品的简短描述、关键商业目标的介绍、产品目标市场的定义、开发工作的假设条件和约束说明、相关利益者的分析等。

此外,产品项目开发规划通常还需要确定项目人员和领导者,并由开发核心成员"签约",即同意或承诺领导产品及其关键元件的开发。预算通常也会在项目前期规划中制定,因为对于全新适老化产品来说,预算和人员计划只针对开发中的概念开发阶段,项目的细节是高度不确定的,这种状况将一直持续到产品的基本概念被确定下来,才能制定更细致的规划。

(五)对结果和过程进行反思

由于任务书将交给开发团队执行,所以在进行开发过程前必须进行"真实性检验",这样可以提前修正早期阶段的已知缺陷,以避免开发过程中问题变得更加严重。因此,在产品开发规划过程的最后步骤中,开发团队应从具体问题出发,对过程和结果进行评价和反思,包括开发不同适老化产品机遇的前景、分配资源对企业竞争策略的贯彻程度、产品规划对企业当前机遇的针对性、运用有限资源合理地开发产品、核心团队对最终任务书签约的接受、任务书各部分的协调程度、任务书假定条件的必要性、产品项目的过度约束情况、团队开发最好产品的可能性、产品规划过程的改进情况……这样的批评和反思是一个不间断的过程。这一过程中的步骤可以同时执行,以确保多项计划和决策互相协调,并与企业的目标、能力和约束能力相一致。

第二节　适老化产品设计与开发的组织与管理

适老化产品设计的 组织与管理(一)	适老化产品设计的 组织与管理(二)	适老化产品设计的 组织与管理(三)	适老化产品设计的 组织与管理(四)	适老化产品设计的 组织与管理(五)	适老化产品设计的 组织与管理(六)

一、适老化产品设计与开发的组织概述

(一)适老化产品设计与开发的组织特征

适老化产品的设计与开发需要创新,而创新决定了其组织与一般管理组织相比具有突出的特点。适老化产品设计与开发组织需要具备简单的人际关系,高效快速的信息传递系统,较高的管理职权,充分的决策自主权等。

1.组织具有高度的灵活性　对部分企业来说,开发适老化产品是其在老龄化环境中生存的一条重要途径。适老化产品的设计与开发必须快速、高效,才能在迅速变化的市场环境中抓住发展机会,而企业常规的管理组织形式(直线职能式、事业部制、矩阵式等)难以满足快速设计与开发的需要,因此适老化产品设计与开发组织需具备高度的灵活性以适应企业内外部环境的急剧变化。常规的程序化工作追求稳定,常把环境的变化视为对正常工作的威胁,而创新则是在环境变化中寻找机会,以变应变。创新组织唯有打破常规、灵活机动才能发挥其应有的作用。

2.组织具有充分的决策自主权　适老化产品设计与开发时刻都会面临需要对从未出现过的新情况、新问题进行快速决策的情况,倘若组织成员没有充分的决策自主权,处理任何事务都需请示、汇报,将有可能错失良机,延误开发进程,同时也会极大限制组织人员的创造性和积极性。

3.组织具有较高的管理职权　适老化产品设计与开发组织具有较高的管理权力，则更容易在人员调配、资金使用、部门协调等企业内部资源分配方面开展工作，而这些恰恰是适老化产品设计与开发顺利进行的关键。

（二）适老化产品设计与开发组织的横向联系模式

适老化产品设计与开发组织包括三部分：部门专门化、跨越边界与横向联系。图 3-1 说明了适老化产品设计与开发的横向联系模式。

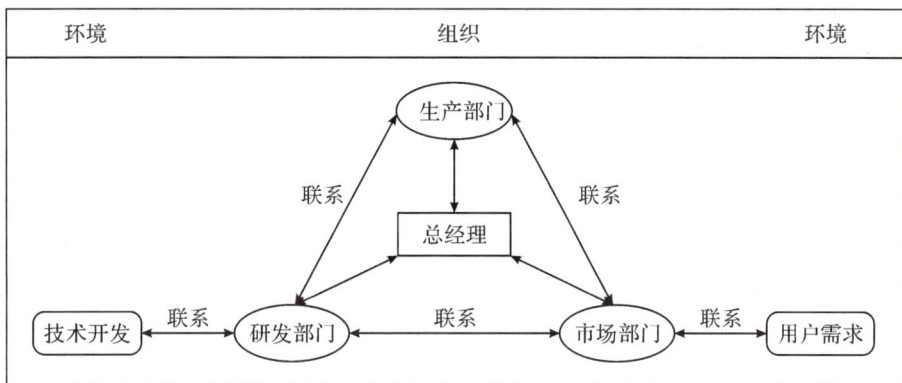

图 3-1　横向联系模式

1.部门专门化　适老化产品设计与开发的关键部门是研发、生产和市场三个部门。部门专门化意味着这三个部门的所有成员都能高度胜任自己的工作，拥有适合自身专业职能的态度和技术。

2.跨越边界　跨越边界指适老化产品设计与开发的各部门须与外部环境的相关部分保持密切联系。例如，研发部门成员需与专业科研机构和技术开发人员保持联系，以获取最新科技发展动态，随时让最新科技成果为企业所用。市场部门成员需经常与用户交流，了解和掌握消费群体的真实需求，分析市场竞争产品。

3.横向联系　企业内部各职能部门之间的横向联系表现为研发、生产和市场等部门人员共享信息。研发人员向市场部门提供有关新技术开发的信息，并评价其是否适用于用户。生产人员将适老化产品实物开发中出现的问题反馈给研发部门，以完善适老化产品的功能等。市场人员提供用户信息和意见反馈给研发部门和生产部门，以使产品设计和开发更符合用户需求。

二、适老化产品设计与开发的组织形式

适老化产品设计与开发是面向老年用户的企业发展的一项重要职能。老龄化背景下，行业竞争激烈，企业时刻面临着适老化产品设计与开发的任务，设立专门的组织是必需的。具体形式如下。

1.适老化产品委员会　适老化产品委员会主要由企业最高管理层加上各主要职能

部门的代表组成,是高层面的产品开发的参谋和管理组织。委员会属于矩阵式组织结构,可分为决策型、协调型和特别型三类。决策型的主要职能是制定适老化产品开发战略,并配置产品设计与开发所需的内外部资源,产品开发项目的评价及选择等,通常由企业最高领导者牵头。协调型的主要职能是负责适老化产品设计与开发活动中各部门的协调工作。特别型的主要职能是对适老化产品设计与开发过程中出现的问题和困难提出建议和对策,例如技术障碍、构思筛选的评价问题、设计问题、工艺问题、商品化问题等,由各种专家和职能部门的关键人物等组成。

2.适老化产品部　适老化产品部是从若干职能部门抽调专人组成的独立固定的开发组织,主要集中处理产品设计与开发过程中的种种问题,如根据开发目标制订市场调研计划、筛选适老化产品的构思、组织实施和协调等。该部门的主管拥有实权并与高层管理者联系密切,是适老化产品委员会最恰当的补充管理组织。其优点是权力集中,建议集中,见解独立,有助于管理层进行决策,并保持适老化产品设计与开发工作的稳定性和管理的规范化。

3.产品经理　企业往往把适老化产品设计与开发作为产品经理的一项重要职能,但产品经理的工作重心常常会放在其管理的产品上,而对不同类型的产品设计与开发工作无法全身心投入。

4.不同类型适老化产品的产品经理　在这种组织形式下,企业根据目前所实施的适老化产品项目类型和数量在产品经理下面设置若干适老化产品经理。一个适老化产品经理对一个或一组产品项目负责。从适老化产品策划一直到投入市场,都由该产品经理负责进行。此组织形式可以在对现有其他产品的管理和适老化产品的开发这两种职责中寻求平衡,为统一运用企业的产品组合策略提供了组织基础。

5.适老化项目团队　适老化项目团队正在逐渐成为适老化产品设计与开发活动中最强的横向联系机制。适老化团队是一个长期的任务组,并经常和项目小组一起协调工作。当在一段较长的时间内需要部门之间协调活动时,设立跨部门团队是一种明智的选择。

三、适老化产品设计与开发的管理

新适老化产品的设计与开发决定了组织成员的工作就是不断创新,不断打破已有的模式,不断开发新产品来替代老产品,不断开发新的技术、工艺、生产流程,不断寻求新的营销战略、战术。因此适老化产品设计与开发人员面临着巨大的风险和创造力挑战,如何最大限度地挖掘成员的创造潜力,如何处理成员的失败,将是对适老化产品设计与开发成员进行有效管理和激励的关键所在。

(一)总体管理风格

在一个管理体系中,管理风格具有重要的影响作用。在管理组织成员时,企业应对创造性行为持鼓励支持的态度,管理人员应该充分认识到冒险精神是必要的,必须承认冒险,并勇于分担风险,要信任并理解设计与开发人员,允许他们失败。

(二)人力资源计划

适老化产品的人力资源计划,是根据企业近期和远期目标,确定组织人员的需要并进行配备的过程。对于具体的设计与开发活动,其人员更多是来自企业内部而非从企业外招募,这是与其他部门和活动人员配备所区别的。适老化产品设计与开发人员要基于分工的原则而承担不同的任务,担任不同角色。在制订与实施计划时应遵循以下原则。

(1)由于适老化产品设计与开发过程中每个人承担的任务不同,因此对各人的品质、知识及技能的要求也不同。

(2)有时一个人可能担任多个角色,因此具有多种技能的人员可能比某一方面的专家更合适。

(3)随着时间变化,某一角色可由不同的人担任,即产品设计与开发过程中可以有人员的变更,包括退出或加入适老化产品组织。

(4)每个人担任的角色可以与其原来的职业不同。

产品设计与开发人员可分为两类,即创造性人员与非创造性人员,如图 3-2 所示。

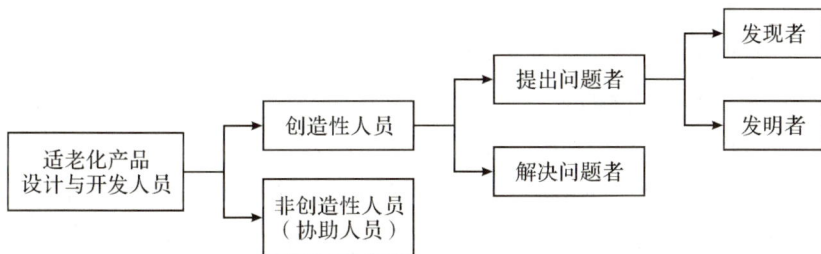

图 3-2　产品设计与开发人员分类

这两类人员都是必需的,且应保持在 1:2.5 的适当比例。创造性人员又分为提出问题者和解决问题者,在提出问题者中又分为发现者和发明者。提出问题者和解决问题者的区别在于,前者关心的是"为什么",后者关注的是"怎么办"。在适老化产品设计与开发活动中,最关键的人员是提出问题者,他们是新适老化产品的倡导者,因为他们能发现别人尚未关注到的问题并评估其重要性。企业对提出问题者的要求是不但要具备深厚的知识和技术背景,还要了解企业的发展战略和经营方向,同时要了解市场动向,具有商业敏感性和进取心。因此在配备人员时,要对他们进行筛选,考察他们的品质、素质、知识和技能水平是否能胜任产品设计与开发工作。

(三)成员业绩评价

1.业绩评价目的　企业对适老化产品项目成员的评价主要出于四个方面的目的:①提供奖励或提升成员的信心;②把控产品开发工作的实施,获得反馈并纠正偏差;③调整人员的配置计划;④加强沟通以助于营造良好的产品开发和创新环境。

2.业绩评价标准   对适老化产品项目成员进行评价时,最为困难和关键的是确定业绩评价标准,原因在于:①适老化产品创新周期往往长达几年甚至几十年,很难用短期内的经济指标如利润、销售额等进行评价。②产品项目成员分为几种不同类型,分工不同,对其要求也不相同,评价指标很难一致。③某些失败的适老化产品创新不一定是完全失败的创新,往往正是因为这些失败为以后的成功奠定了基础。确定评价标准是一项困难的工作,因此对于不同类型的成员,应设立不同的业绩评价标准。

(四)制定激励机制

企业工作人员的积极行为往往是受激励驱使的,激励机制可极大地影响产品的创新成果。许多事实表明,创造性人员受到激励后展示的成果显著,而失望或受到压抑会导致他们无所作为。管理者应对产品开发人员尤其是创新人员进行有效的激励,使他们有足够的动力出色地完成产品开发活动。以下几种方式可对产品项目成员起到激励作用。

1.支持成员的创新激情   新适老化产品开发的动力更多来自产品项目成员的创新激情,这种创造性激情一旦得到鼓励、理解和支持,将发挥巨大的作用。新产品的开发是一项耗费精力且充满风险的过程,常常要面临巨大的困难和压力,如果企业领导者能够正确引导适老化产品的创新环境,那么受激励者将会克服困难继续完善创新想法,适老化产品设计与开发成功的可能性也会大大增加。

2.注重成员的知识与技术更新   科学技术迭代更新,知识更新的频率也在不断加快。对企业员工不断进行培训是企业提高劳动力素质、缩小技能与知识之间差距的主要途径。相对于其他员工,适老化产品设计与开发人员更需要深入的技能培训和知识更新。丰富的知识底蕴是产品创新与开发的源泉。适老化产品设计与开发人员只有不断吸收最新的科技成果、最新的知识理论、最新的市场动向,才能开发出贴合老年人需求的适老化产品。因此,企业应为产品项目成员提供专门的、制度化的、有别于一般员工的知识和技术更新培训。

3.正确对待适老化产品开发中的失败   适老化产品开发失败的诸多因素中有些是可以规避的,但也有许多是无法预测和控制的,如老年人需求的改变、国家政策的变化、竞争对手的状况等等。因此如何正确对待适老化产品开发的失败,是激励产品开发人员的另一个关键。无论是发达国家还是发展中国家,新产品开发的失败率一直是居高不下的,这就告诉我们必须允许失败,决不能因一次失败就怀疑员工的研发能力,甚至调动工作或解雇(人为因素造成的产品开发失败除外),因为这不仅会直接降低当事人积极性,更将影响其他成员的积极性,导致他们不敢承担失败的风险。对产品开发人员来说,失败后企业领导者的理解和支持是对他们最大的安慰。

4.对成员的个人成就和价值予以承认和奖励   这种承认和奖励应结合物质和精神两个层面。对产品开发人员的物质奖励应与企业其他人员的奖励制度有所不同,奖励的额度与产品项目所产生的效益挂钩。精神奖励是给予产品开发人员各种表彰和荣誉,在企业和社会层面对其成就和价值进行公开地承认,并给予他们晋升的机会。

案例分析

"智慧厨房"中的组织管理

Nestlé是一家全球性的食品和饮料公司,致力于提供健康、美味和便利的产品。面对老龄人口增长和老年人健康需求增加的挑战,Nestlé推出了"智慧厨房"项目,致力于开发各种智能厨房产品,以帮助老年人更轻松地烹饪和进食,从而改善他们的生活质量。

在进行产品开发时,Nestlé面临不了解老年人的需求、技术创新与易用性难以平衡及不同部门协作困难等问题,他们采取了以下策略来管理"智慧厨房"项目。①用户调研和反馈:公司与老年人群体合作,进行广泛的用户研究,以了解他们的饮食习惯和健康需求,并根据反馈进行产品设计和改进。②跨部门协作:公司建立了跨部门团队,由不同专业背景的团队成员组成,定期开会,共同讨论产品开发过程中会遇到的挑战及其解决方案。③设计思维:采用以用户为中心的设计思维方法,从用户体验的角度出发,不断优化产品设计和功能。

通过以上有效的组织管理和跨部门协作,成功地开发出适老化产品"智慧厨房",为老年人提供了更好的生活体验,同时也给公司带来了业务增长和市场份额的提升。

【分析】
1."智慧厨房"项目开发时遇到了哪些挑战?
2.在面对挑战时,Nestlé是如何进行组织管理的?

复习思考题

1.规划适老化产品设计时需要考虑哪些方面的内容?
2.要想设计出一个优秀的适老化产品,需要哪些组织?
3.如何对参与适老化产品设计与开发的成员进行有效管理和激励?

参考文献

[1] 程永胜,徐骁琪.老年族群视角下的适老化产品设计体系研究[J].安徽工业大学学报(社会科学版),2023,40(1):48-52.
[2] 许伟,叶闽慎,李静萍,等.智能养老服务研究[M].武汉:湖北人民出版社,2020.

（楚婷、倪曙华、尹志远）

第四章

适老化产品设计与开发的策略

学习目标

- **知识目标**
  1. 学习适老化产品价值策略的内容；
  2. 阐述如何提高适老化产品品牌的竞争力。
- **能力目标**
  1. 根据所学内容梳理适老化产品设计与开发的策略；
  2. 根据所学内容，清楚产品定位与细节内容的把控。
- **素质目标**
  要有清晰的目标，积极采取行动来解决面对的挑战和问题。

第一节　适老化产品价值策略

一、引言

适老化产品
价值策略（一）　适老化产品
价值策略（二）

（一）全球趋势

全球人口正步入老龄化阶段。世界上几乎每个国家的老龄人口数量和比例均在增加。

人口老龄化有可能成为 21 世纪最重要的社会趋势之一，几乎所有社会领域都受其影响，包括劳动力和金融市场，居民对住房、交通和社会保障等商品和服务的需求，家庭结构和代际关系等。

老年人日益被视为社会发展的贡献者。未来几十年，为适应与日俱增的老年人口，许多国家将可能面临公共保健体系、养老金和社会保障体系的财政和政治压力。《2022年世界人口展望》显示，65 岁以上人口的增长速度已经超过 65 岁以下人口的增长速度。到 2050 年，全球 65 岁及以上人口的比例预计将从 2022 年的 10% 升至 16%。届时，全球 65 岁及以上的人口将是 5 岁以下儿童人口的两倍，几乎与 12 岁以下儿童的数量

相当。

这一变化不仅发生在发达国家,许多发展中国家也面临相同的挑战。人口老龄化加速主要由两大因素驱动——长寿命和低生育率。随着医疗保健的改善和生活条件的提高,人们的平均寿命显著增加。同时,全球多数地区的生育率都在下降,这减缓了人口的年轻化过程。以上两个因素相结合,导致老年人口在总人口中的比例不断上升。

尽管人口老龄化是一个全球现象,但不同地区的进程和程度有所差异。例如,欧洲和日本是最早面临人口老龄化挑战的地区,他们的老年人口比例较高。而许多非洲国家,尽管也开始经历老龄化,但速度较慢,老年人口比例仍相对较低。了解这些地区差异对于制定全球性的产品策略至关重要。此外,人口老龄化对社会和经济有深远的影响,它改变了劳动市场的结构,可能导致劳动力短缺和对养老服务需求的增加。同时,老年人作为消费者,对产品和服务的需求也有所不同,这为适老化产品的设计和市场提供了新机遇。面对人口老龄化的趋势,适老化产品的需求日益增加,其中包括健康和医疗护理设备、居家养老服务、辅助生活技术、休闲和教育服务等。企业和设计师需要理解这一趋势,并针对老年人的特定需求,开发出创新、实用和易于使用的产品。

总之,人口老龄化的全球趋势对社会、经济以及产品市场产生了广泛而深刻的影响。适老化产品价值策略需要紧密结合这一趋势,深入理解老年群体的需求和期望,以及他们所处的社会文化背景,只有这样才能开发出真正有价值的产品和服务,提高老年人的生活质量,也为企业带来持续的增长和创新机会。

(二)社会和经济影响

1. 社会影响

(1)养老护理需求增加:随着老年人口的增长,养老和健康护理服务的需求也显著增加,包括长期护理设施、家庭护理服务、医疗保健服务及相关辅助产品的需求。

(2)家庭结构变化:老龄化可能导致家庭结构和支持系统的变化,更多的家庭需要照顾老年成员,这可能影响家庭成员的工作和生活平衡。

(3)社会参与:老年人继续参与社会活动的需求增加,他们希望通过教育、娱乐和志愿服务等方式保持活跃。

2. 经济影响

(1)劳动力市场变化:老龄化可能导致劳动力减少和劳动力结构的变化,影响经济增长和社会竞争力,同时也可能增加对年轻劳动力的需求,尤其是在健康护理和养老服务行业。

(2)公共财政压力:随着老年人口比例的增加,公共财政压力可能增大,特别是在养老金、医疗保健和长期护理等方面的支出。

(3)消费市场变化:老年人作为一个重要的消费群体,他们的偏好和需求影响消费市场的趋势,包括对健康、休闲、旅游、住房和技术产品的需求。

3. 适老化产品的必要性

（1）提高生活质量：适老化产品旨在满足老年人特有的需求，提高他们的生活质量，使他们能够更独立、安全和舒适地生活。

（2）经济潜力：随着老年人口的增长，适老化产品市场具有巨大的经济潜力。企业通过开发针对老年人的产品和服务，可以开拓新的市场，促进经济增长。

（3）社会责任：开发适合可持续发展的产品和承担相应的社会责任。

1）社会责任体现在产品设计和开发阶段。设计团队应该考虑到老年人的特殊需求，确保产品易于使用、安全可靠，并且能够切实提升老年人的生活品质。这意味着在产品设计中要考虑到易读性、易操作性、人体工程学以及长期使用的舒适性，以确保老年人能够轻松地使用并且受益于这些产品。

2）社会责任还表现在产品的定价和可及性方面。适老化产品的定价应该合理，并且应该考虑到老年人的经济状况。这意味着不仅要提供高质量的产品，还要确保这些产品对老年人来说是经济可承受的。此外，产品的销售渠道和分发策略也应该考虑到老年人的便利性，以确保他们能够轻松获得所需的产品和服务。

3）社会责任还体现在产品的售后服务和支持方面。适老化产品的制造商和销售商应该提供良好的售后服务，包括技术支持、维修保养以及产品更新等。这些服务不仅能够增强老年人对产品的信任和满意度，还能够确保他们长期受益于这些产品，并且在遇到问题时能够及时得到帮助和支持。

4）社会责任还意味着适老化产品的推广和宣传应该注重社会效益。制造商和销售商应该积极倡导尊重老年人、关爱老年人的理念，推动社会对老年人需求的关注和认识。具体可以通过与老年人相关的社会组织或机构合作举办公益活动，向社会传递关爱和尊重老年人的正能量思维，从而推动社会更加关注和重视老年人的生活质量和幸福。

老龄化对社会和经济产生了广泛影响，这些影响既带来挑战，也提供了机遇。适老化产品的开发和推广不仅有助于应对老龄化带来的挑战，提高老年人的生活质量，也能促进经济发展和社会和谐。因此，适老化产品价值策略对于企业、政府和社会都是必要且迫切的。

二、老年用户需求深度解析

（一）生理需求

在探讨适老化产品价值策略下的老年用户需求时，关键在于理解并解决老年人由于生理变化所带来的挑战。以下详细分析了老年人的主要生理变化及其对产品设计的影响。

1.视力衰退

(1)问题：随着年龄的增长，老年人可能会遇到多种视力问题，如视力减退、黄斑变性、白内障等，这些问题会导致他们看清物品和对比颜色变得困难。

(2)产品设计影响：设计应使用大号、高对比度的文字和图标，简化视觉界面，避免使用复杂的背景或图案。例如电子设备界面和标识牌需要清晰易读，避免用户辨认困难，进而感到挫败。

2.听力下降

(1)问题：老年人可能会经历轻微至重度的听力下降，这影响他们对讲话、警报和通知的听觉反应。

(2)产品设计影响：设计需要包括可调节的音量和清晰的语音输出，同时可考虑添加视觉或触觉反馈作为补充，确保信息能有效传递。例如，电话和闹钟可以配备更大的音量范围和闪烁灯光提醒。

3.力量减弱

(1)问题：老年人可能会遇到手部震颤、关节僵硬或肌肉力量减弱等问题，这些变化会影响他们的精细运动技能。

(2)产品设计影响：产品需要设计得易于抓握和操作，减少需要精细操作的部分，提供更好的支持和稳定性。例如，厨具和工具的手柄设计需要考虑防滑和易握特性，家具则需要确保稳固耐用。

4.其他因素

(1)敏感性减弱：如皮肤对温度和触觉的敏感度减退，需要通过调整材料和设计来提高安全性和舒适性。

(2)认知变化：认知能力的变化也是一个重要考量因素，产品设计需要简化，减少记忆负担，提供直观的操作流程。

适老化产品设计需要全面考虑老年人的生理和认知变化，提供既安全又便利的使用体验。通过对这些变化的深入理解和应对，可以显著提升老年用户的生活质量，使他们能够更加独立和舒适地生活。设计者应秉持同理心和创新精神，不断追求新的解决方案，以满足这一日益增长的用户群体的特殊需求。

(二)心理需求

在适老化产品价值策略下，深入了解并满足老年用户的心理需求是至关重要的。这些需求通常包括对安全感、舒适感、独立性和尊严的追求。

1.安全感

(1)需求解析：随着年龄的增长，老年人可能会感到身体变弱，对环境的控制力下降，这导致他们对个人安全和健康的担忧增加。

(2)设计影响：产品设计需要增强老年人的安全感，如使用防滑材料，配置紧急呼叫按钮、自动关闭功能等。住宅设计可以采用无障碍设施，如扶手、防滑地板，以减少跌倒的风险。

2.舒适感

(1)需求解析:舒适感涉及身体的舒适和心理的宁静。随着身体敏感度和疼痛感的增加,老年人更加重视舒适性。

(2)设计影响:产品和环境设计应以舒适为中心,考虑适当的人体工程学特性和易用性。例如,家具设计应有适宜的高度、软硬度和支撑性,衣物应考虑易穿脱和材料舒适。

3.独立性

(1)需求解析:维持独立生活能力是大多数老年人的重要心理需求。随着年龄的增长,老年人可能在某些生活方面需要帮助,但仍然希望尽可能保持自主。

(2)设计影响:产品设计应帮助老年人实现自我照顾和独立自主,可提供易于操作、有直观反馈的产品,如简化的远程控制设备、自动化家居技术等。

4.尊严感

(1)需求解析:尊严涉及个体的自我价值感。老年人希望在享受便利和照顾的同时,保持自我尊严不受损害。

(2)设计影响:产品和服务设计应考虑尊重老年人的需求,避免产生任何贬低或幼化的感觉。设计应细致、有品位,确保使用者感到被尊重和价值被认可。

在设计适老化产品时,心理需求的满足不应被忽视。产品不仅仅是发挥物理功能的工具,也是提供安全、舒适、独立和尊严感的媒介。了解和解决这些心理需求可以帮助老年人更好地适应年龄带来的变化,提高他们的生活质量,使他们感到被社会尊重和关怀。这不仅是技术创新的方向,也是人文关怀的体现。

(三)社会需求

在探讨适老化产品价值策略下的老年用户需求时,深入理解和满足他们的社会需求是提高其生活质量和社会参与感的关键。老年人的社会需求主要围绕保持社交活动、与家人朋友保持联系、参与社区和公共生活以及发展个人兴趣等方面。

1.保持社交联络

(1)需求解析:社交活动对于老年人的心理健康和情绪状态至关重要。社交提供了一种归属感,增加了老年人与外界的互动,有助于他们减轻孤独感和抑郁情绪。不仅如此,通过参与社交活动,老年人能够保持认知功能,提高生活质量。

(2)设计影响:设计者应创造易于使用的社交平台和通信工具,支持老年人参与在线和离线的社交活动。设计应注重无障碍性和直观性,比如提供语音输入、高对比度显示和简单的导航系统。此外,社区设计应包括多功能的社交空间,鼓励老年人参与集体活动。

2.与家人朋友联系

(1)需求解析:紧密的家庭联系和友谊对于老年人来说意义重大,它们不仅能提供情感支持和安慰,还能增强老年人的安全感和幸福感。与家人保持联系有助于老年人感到自己被爱、被需要，从而提升他们的自尊和自信。

（2）设计影响：产品设计需要方便老年人与家人朋友的沟通。例如，设计智能手机和平板电脑时，可以考虑配置易于理解的图标和菜单、一键视频通话功能，以及高质量的音视频传输。智能家居系统可以集成家庭日历、提醒和共享相册等功能，帮助家庭成员保持连接。

3. 参与社区和公共生活

（1）需求解析：社区和公共生活的参与有助于老年人感到自己是社会的有用成员，他们可以通过志愿服务、社区活动或继续教育等方式，贡献自己的经验和智慧。

（2）设计影响：社区中心、公园和其他公共空间的设计应考虑老年人的需求，提供易于访问和安全的环境。可以设计足够的休息区、清晰的指示牌、适宜的活动场所等。此外，提供专门针对老年人的教育课程和文化活动，可以促进他们的社会参与和个人成长。

4. 志愿服务和兴趣发展

（1）需求解析：许多老年人在退休后希望继续保持活跃的生活方式，通过志愿服务或兴趣小组活动参与社交互动和实现个人价值。参与这些活动不仅能够丰富他们的社交生活，还可以提升其自我效能感和社会贡献感。

（2）设计影响：设计应促进老年人更轻松地参与志愿服务和兴趣小组活动，包括提供相关信息的平台、组织交通服务以及设计适老化的活动设施等。例如，图书馆可以设立特定的老年人阅读小组，公园可以设立适合老年人的健身器材。

通过满足老年用户的社会需求，适老化产品不仅提高了老年人的生活质量，也加强了他们与社会的联系，促进了身心健康和社会和谐。为此，设计者、社区组织者和政策制定者需要共同努力，创造一个包容和支持老年人社会参与的环境。在设计适老化产品和服务时，应充分考虑老年人的社会需求，采取综合性策略，以确保他们能够享受有尊严、充满活力和相互联系的晚年生活。

三、产品设计原则详解

（一）易用性设计

在适老化产品价值策略中，易用性设计是关键原则之一。易用性设计旨在通过减少复杂性、提高产品的直观性和易理解性，确保所有年龄层的用户，尤其是老年用户，都能轻松、高效地使用产品。以下是关于如何通过设计实现这一目标的详细阐述。

1. 减少复杂性

（1）简化操作：设计应尽量减少操作步骤和元素。对于老年用户来说，过多的操作步骤或菜单选项可能会导致混淆和错误。因此，产品设计应采用简单直接的操作流程，避免不必要的功能和设置。

（2）清晰的指示和反馈：产品应提供清晰的使用指示和即时的反馈，可以通过明确的标签、图标和声音信号来实现。例如,当操作被正确执行时,产品可以提供视觉或听觉的确认信号。

(3)优化产品布局:设计应优化按钮和功能的布局,将常用功能按键放置在易于访问的位置,避免过于密集或随意的布局,确保用户能够轻松找到和使用所需功能。

2.提高直观性

(1)深入了解用户的期望和习惯:在产品设计的初期阶段,必须对目标用户群体的习惯和预期进行深入调查和研究。这有助于设计师更好地理解用户所期待的体验,并根据这些信息来定制产品的界面和功能。举例来说,如果目标用户主要是老年人群,那么设计师应当尊重他们对于特定设备操作方式的习惯,以确保产品符合他们的预期。

(2)使用清晰明了的符号和图标:在设计过程中,应当选择和设计易于识别和理解的符号和图标。这些图标必须具备直观性,能够迅速传达其功能或意义。同时,应避免使用那些可能让老年用户感到陌生或混淆的抽象图标,而应该选择更加直观和容易理解的图标。

(3)借鉴熟悉的操作模式:在产品的设计中,应尽可能地依赖用户已经熟悉的操作模式和界面元素,包括广泛认可的操作手势,如滑动、点击和拖拽等,以及常见的符号含义,比如放大镜代表搜索、垃圾桶代表删除等等。通过采用这些熟悉的模式,可以帮助用户更快地上手,同时减少学习成本。

提高产品的直观性需要设计师深入了解用户的需求和习惯,并且在设计过程中选择清晰明了的符号和图标,以及借鉴熟悉的操作模式,从而确保用户能够轻松地理解和使用产品。

3.增强易理解性

(1)提供清晰的说明:每款产品都应该配备清晰易懂的说明书或在线帮助文档,并使用直接简洁的语言编写,避免使用行话和复杂的技术术语,以确保用户能够轻松理解。此外,为了更好地帮助用户理解,可以提供图解或视频教程,以更直观地演示产品的使用方法。

(2)适应用户学习曲线:在产品设计中应考虑到老年用户可能需要更多时间来适应和学习新技术。因此,产品可以提供逐步的学习路径,允许用户在熟悉基本功能后逐渐探索更多功能。这样的设计可以减轻用户的学习压力,使他们更容易地掌握产品的使用方法。

(3)可调节的界面:考虑到用户能力和偏好的多样性,产品应该允许用户根据自己的需求调节界面设置。例如,用户可以选择不同的字体大小、颜色主题或界面布局,以适应个人的视力和偏好。通过提供可调节的界面,产品可以更好地满足不同用户群体的需求,提高产品的易理解性和可用性。

易用性设计关注于简化产品的复杂性,提高其直观性和易理解性,确保老年用户能够轻松、愉快地使用产品。通过考虑老年用户的特定需求和能力,设计者可以创造出更加人性化和包容的产品,从而帮助老年用户保持独立,提高生活质量,并更有效地融入数字化社会。

(二)安全性保障

在适老化产品价值策略下,确保产品的安全性对于老年用户尤其重要。随着年龄的增长,老年人可能面临着身体、视觉、听觉以及认知能力的退化,这使得他们在使用产品时更容易遇到安全风险。

1.降低物理伤害风险

(1)无锐角设计:为了降低物理伤害风险,产品的外部和内部设计应该避免出现锐利的边缘和角落。这意味着在产品的各个部分,特别是用户可能接触到的部位,都应该采用圆滑的设计。通过这样的设计,可以减少意外撞击或刮伤的风险,保障用户的安全。

(2)稳定性和防滑设计:为了防止产品在使用过程中倾倒或滑动,产品应该具有良好的稳定性。特别是对于需要手持或支撑身体的产品,设计师应该考虑使用防滑材料。例如,在产品的底部或接触面上添加防滑垫或采用特殊的手柄设计,提高用户在使用过程中的稳定性,减少意外摔倒的风险。

(3)减轻重量和易于携带:考虑到老年人体力有限,产品应该设计得轻便、易于携带或移动。这意味着在产品的设计中应该尽量减轻重量,避免使用过重的材料或结构。此外,产品的形状和手柄设计也应该符合人体工程学,便于用户抓握和携带。通过减轻产品的重量和优化携带设计,可以减少因搬运重物而造成的身体负担,降低用户摔倒的风险,提升产品的安全性和便利性。

2.预防操作错误

(1)直观的操作界面:预防操作错误的关键在于设计一个简洁直观的操作界面,以减少误操作的可能。这意味着在产品的界面设计上应采用简单清晰的布局,避免过多复杂的功能和混乱的按钮排列。标识应当清晰可见,例如使用大字体和高对比度的标签,以确保老年用户能够清楚地识别操作按钮和理解功能。通过这样的设计,可以帮助用户更容易地理解和操作产品,减少因操作不当而造成的错误。

(2)错误预防机制:在产品设计中加入错误预防机制是另一个重要的预防操作错误的措施。这些机制可以包括自动关闭功能、过热保护、漏电保护等。例如,在电器产品中,可以设置自动关闭功能,以防止长时间未操作而导致的安全事故;在电子设备中,可以设置过热保护机制,以防止因过热而引发的损坏或火灾。通过这些预防机制的加入,可以在一定程度上减少用户误操作所造成的风险,提高产品的安全性和可靠性。

(3)声音和光线提示:为了进一步提高用户对于重要操作或潜在危险情况的注意力,产品应提供声音或光线提示。例如,在操作过程中,可以设置声音信号来提示用户是否已完成某个重要步骤;在安全警示方面,可以通过闪烁的光线或警报声来提醒用户注意潜在的危险情况。通过这些声音和光线提示,可以及时引起用户的注意,并减少因疏忽而造成的操作错误和安全风险。

3.适应生理变化

(1)考虑视听障碍:在产品设计中需要特别考虑老年人可能存在的视力和听力下降问题。为了适应这些生理变化,可以采取一系列措施。首先,使用明亮的颜色能够提高产品的可见性,尤其是对于视力较差的用户而言。其次,采用大号字体能够使文字更加清晰易读,减少阅读时的眼部负担。另外,清晰的声音提示也是必不可少的,可确保听力较差的用户清晰地听到产品发出的提示和指导。综合运用这些方式,可以有效地适应老年人的视听障碍,提高他们对产品的理解和操作能力。

(2)易于理解和记忆:为了满足老年用户的需求,产品设计应尽量减少复杂的操作和记忆负担。简单直观的设计能够使产品更易于理解和使用。在产品的说明书和操作指南中,应提供清晰、详细的说明,以便用户能够准确地理解产品的功能和操作方法。必要时,可以配以图解或视频演示,以更直观地展示产品的使用方式。通过简化操作流程和提供清晰的使用说明,可以帮助老年用户更轻松地掌握产品的使用技巧,减少记忆负担,提高产品的易用性和用户满意度。

4.紧急响应功能

(1)紧急呼叫:针对适老化产品,特别是健康监测和家居安全类产品,应该集成紧急呼叫或报警功能,以应对用户可能会面临的紧急情况,如突发疾病或意外事件。通过将紧急呼叫功能集成到产品中,用户可以在遇到紧急情况时快速求助,以获取及时的帮助和支持。这对于老年人或其他需要特殊关注的用户群体来说尤为重要,可以提高他们的安全保障和生活质量。

(2)易于访问的紧急功能:为了确保紧急功能能够被迅速识别和使用,设计应该注重易于访问性。紧急按钮或紧急功能应该设计得明显可见,并且通过简单的操作即可激活。这意味着用户不需要花费太多时间和精力去寻找或操作紧急功能,而是在需要时可以直接快速启动。通过这样的设计,可以确保用户在紧急情况下能够及时采取行动,从而最大程度地减少潜在的风险和损失。

通过上述设计,产品可以显著降低老年用户在使用时遇到的风险,确保他们的安全和舒适。安全性保障是适老化产品设计的核心原则之一,它不仅关系到用户的健康和福祉,也是提升产品信赖度和满意度的关键因素。因此,设计师和制造商应该持续关注和改进产品的安全性能,以更好地服务于老年人群体。

(三)舒适性与无障碍性

在适老化产品价值策略中,确保产品的舒适性与无障碍性是至关重要的。这需要融入人体工程学原则,即以用户的身体尺寸、能力和限制为基础来设计产品或改造环境。以下是如何在产品设计中实现舒适性和无障碍性的详细讨论。

1.人体尺寸与适应性

(1)可调整性和适应性设计:考虑到不同用户的体型和身体条件差异,产品设计应该具备一定的可调整性或适应性。这意味着在设计过程中,需要考虑到用户可能存在的身高、体重、手型等方面的差异,并相应地设计产品的可调整部分。例如,座椅和桌子可以设计成可调节高度的形式,以满足不同身高体型用户的需求;手柄可以设计成可调节大小或形状的方式,以适应不同手型和握力的用户。通过这样的设计,可以使产品更加贴合用户的个体特征,提高其舒适性和使用便捷性。

(2)符合人体曲线和接触面:在产品设计时应该考虑到人体的自然曲线和接触面,以确保产品的舒适性和人体工程学性。例如,在设计椅子时,椅背应该符合人体的脊柱曲线,以提供良好的支撑和舒适度;把手设计应符合手的握持姿势和手掌的曲线,以减少握持时的压力和不适感。通过这样的设计,可以降低用户在长时间使用产品时产生的疲劳感和不适感,提高产品的人性化程度和优化使用体验。

2.减少身体负担

(1)采用轻便材料:为了减少老年人在携带和操作产品时的身体负担,应该选择轻便的材料进行制造。轻便的材料可以减小产品的整体重量,使老年用户更容易携带和移动,减少对身体的负担。此外,产品设计应尽量简化,避免不必要的复杂功能,以确保老年人能够轻松地使用产品,而不需要花费过多的体力和精力。

(2)减少阻力:在设计产品时应尽可能减少阻力,避免要求灵活性。例如,门把手、瓶盖等产品部件应设计成易于抓握和转动的形式,而不是需要很多力量或灵活性的操作,这样可以降低老年用户在使用产品时的体力消耗,并且减少因操作困难而导致的不便和不适,从而提高产品的人性化程度,使老年用户更加愿意选择和使用该产品。

3.易接触和操作感

(1)考虑操作高度和距离:在设计产品时,应确保所有控制和操作界面都位于老年人容易接触到的高度和距离,这意味着高频使用的按钮或把手应该置于老年用户能够轻松够到的位置,避免过高或过远,以减少他们的弯腰和伸展动作。通过将操作界面设计在老年用户易接触的范围内,可以提高他们操作的舒适度和便利性,减少因操作不便带来的不适和疲劳。

(2)大型操作界面的反馈性:为了确保老年用户能够轻松地操作产品,并且感到舒适和自信,应该采用大型按钮、旋钮和触摸屏等,这样的设计可以减少误触和误操作的可能性,提高老年用户的操作准确性和使用效率。同时,清晰的视觉和听觉反馈也是必不可少的,可以帮助老年用户更好地理解和确认操作是否成功。通过这些设计可以增强老年用户对产品的信心,使他们更愿意掌握和使用产品的功能。

4.视觉和听觉的考量

(1)高对比度和清晰的标识:为了帮助老年人更容易识别和理解产品的功能和操作方式,应该使用高对比度的颜色和清晰的标识。高对比度的颜色可以使产品界面上的元素更加突出,便于老年用户区分和识别;而清晰的标识则可以确保产品的功能和操作指示清晰可见,避免模糊或混淆的情况发生。通过这样的设计,可以提高老年用户对产品的理解和使用效率,减少因视觉障碍而造成的困扰和不便。

（2）适应听力下降的设计：针对老年人可能出现的听力下降问题，产品设计应该提供足够大的音量范围，并在可能的情况下提供视觉或触觉的反馈。大音量可以确保老年用户能够清晰地听到产品的声音提示或指示，而不受听力下降的影响；通过视觉或触觉的反馈，如闪烁的指示灯或振动提醒，可以帮助老年用户更好地感知和理解产品的信息。这些设计可以增强老年用户对产品的接受度，提高其使用体验和满意度。

5. 安全与支持

（1）防滑和稳固性设计：无论是手持设备还是家具，都应设计有防滑特性，以确保老年人在使用过程中的安全性。这意味着产品表面或底部应采用防滑材料，以增加摩擦力，防止意外滑动或滑落。对于手持设备，可以在手柄部分设计防滑纹理或使用防滑涂层，以增加握持力；对于家具，可以在底部设计防滑垫或嵌入防滑橡胶脚，以提高稳固性，防止家具在使用过程中发生意外摇晃或倾倒。通过这样的设计，可以有效预防老年人因意外滑倒或摔落而造成伤害。

（2）辅助支持设计：针对需要支持身体的产品，如拐杖或浴室辅助设备，应提供充分的支持力和舒适的接触面，以减少使用时的不适或危险。例如，拐杖应设计成稳固可靠、高度可调节的形式，并且配备舒适的手柄，以提供足够的支持力和握持舒适度；对于浴室辅助设备，如浴椅或扶手，应确保其结构稳固，表面光滑，同时提供符合人体工程学的支撑和接触面，以确保老年人在使用时感到安全和舒适。通过提供这样的辅助支持，可以帮助老年人更加轻松地应对日常生活中的各种活动，提高其生活质量和安全性。

总体而言，将人体工程学原则融入产品设计对于确保产品的舒适性与无障碍性至关重要。这涉及对老年用户身体尺寸、能力和限制的深入理解，以及如何将这些知识应用到产品设计中，从而创造出既安全又舒适、易于使用的产品。通过持续的研究和创新，设计师可以不断改进和优化产品，使其更加适应老年用户的需求，提高他们的生活质量和独立性。

第二节　适老化产品品牌竞争策略

一、深入理解老年市场

适老化产品
品牌竞争策
略（一）

适老化产品
品牌竞争策
略（二）

（一）市场细分

深入理解老年市场是适老化产品品牌竞争策略的首要步骤之一，而市场细分则是实现这一目标的关键方法。老年市场并不是一个单一的统一体，它由不同的子群体组成，每个群体都有其独特的需求、偏好和消费行为。以下是关于老年市场细分的几个重要方面。

1.按年龄段细分

(1)早期老年人(通常指65~74岁):这个年龄段的老年人通常更加活跃和健康,可能还在工作或刚刚退休,因此对休闲活动、旅游和教育产品有较高的需求。他们可能有更多的自由时间和精力去追求自己的兴趣爱好,如参加社交活动、旅行探索新地方,或者追求终身学习和个人成长。因此,针对这个群体的产品和服务应该注重提供丰富多样的休闲娱乐选择,如文化艺术活动、体育运动、旅游度假等,同时也需要提供高质量的教育和学习资源,以满足他们对知识和技能的追求。

(2)中期老年人(75~84岁):这个年龄段的老年人可能开始面临更多的健康问题,需要更多的健康相关产品和服务。他们可能面临着各种慢性疾病的挑战,需要定期监测和管理自己的健康状况。因此,针对这个群体的产品和服务应该包括各种健康监测设备,如血压计、血糖仪、心率监测器等,同时也需要提供家庭护理服务,如医护人员上门服务、远程医疗咨询等,以帮助他们更好地管理自己的健康问题,提高生活质量和幸福感。

(3)晚期老年人(85岁以上):这个年龄段的老年人通常对生活辅助产品和服务有更高的需求。随着年龄的增长,他们可能面临着日常生活能力的下降,需要更多的支持和帮助。因此,针对这个群体的产品和服务应该包括各种生活辅助产品,如助行器、轮椅、卫生帮助器具等,同时也需要提供高级护理服务,如长期护理机构、居家护理服务等,以满足他们日益增长的生活需求,帮助他们享受晚年生活,保持尊严和独立。

2.按健康状况细分

(1)独立自主型:这类老年人的身体和精神状况良好,能够独立生活和管理日常事务。他们通常对旅游、娱乐和教育类产品更感兴趣,因为他们有更多的自由时间和精力去追求自己的兴趣爱好。他们可能会参加各种社交活动、旅行探索新地方,或者追求终身学习和个人成长。因此,针对这个群体应该提供丰富多样的休闲娱乐选择,如文化艺术活动、体育运动、旅游度假等,同时也需要提供高质量的教育和学习资源,以满足他们对知识和技能的追求。

(2)因需辅助型:这类老年人有一定的健康问题或身体限制,需要一些辅助产品和服务来帮助他们更好地应对日常生活。他们可能需要使用助行器、安全扶手等家居安全改造产品,以提高居家生活的安全性和便利性。同时,他们也可能需要一些健康监测设备,如血压计、血糖仪等,以帮助他们监测和管理自己的健康状况。针对这个群体应该注重提供各种生活辅助产品和医疗设备,以帮助他们更好地应对健康问题,克服身体限制,提高生活质量和幸福感。

(3)依赖护理型:这类老年人需要持续护理和支持,他们可能存在严重的健康问题或身体残障,无法独立生活和自理。他们可能需要专业的医疗设备,如呼吸机、导尿管等,同时也需要定期的医护人员上门服务或长期护理机构的照料。针对这个群体应该提供高级护理服务,如医疗设备租赁和护理人员上门服务等,以满足他们日益增长的护理需求,帮助他们享受晚年生活,保持尊严和独立。

3.按经济状况细分

(1)高收入群体:这部分老年人拥有较高的退休金和储蓄,他们通常有更多的财政自由度,因此更愿意投资高价值、高质量的产品和服务。他们可能更倾向于购买高端品牌的产品,追求更高的品质和享受更豪华的生活方式。对于旅游、健康保健、娱乐以及其他消费领域,他们可能会选择昂贵但品质更好的选项,以满足自己的品位和需求。因此,针对这一群体的产品和服务应注重提供高端、高品质的选择,以满足他们的品位和生活需求。

(2)中等收入群体:这一部分老年人的经济状况相对稳定,但对价格和价值比较敏感。他们倾向于寻找性价比高的产品和服务,希望在不过度牺牲质量的情况下获得合理的价格。他们可能会更注重产品的实用性和耐用性,而不是品牌或奢华度。因此,针对这一群体的产品和服务应该注重提供良好的性价比,包括价格适中但质量可靠的选择,以满足他们的实际需求和经济能力。

(3)低收入群体:这一部分老年人的经济条件有限,可能更多依赖社会福利和家庭支持。他们对价格非常敏感,需要寻找经济型或有补贴的产品和服务来满足基本需求。他们可能会更注重产品的实用性和价格,而对品质和品牌要求较低。因此,针对这一群体的产品和服务应该提供价格相对低廉但质量可靠的选择,同时也可以考虑提供一些优惠政策或补贴措施,以帮助他们更好地获得所需的产品和服务,提高生活质量。

4.按生活方式和兴趣细分

(1)活跃型:这类老年人喜欢旅游、参与社交活动和体育活动,他们对活跃的生活方式充满热情,因此可能对相关的产品和服务有更多需求。他们可能会参加各种社交聚会、俱乐部活动、旅行团等,或者积极参与体育锻炼、户外探险等活动。对于这个群体,适合的产品和服务包括社交平台、旅游度假套餐、运动器材等,以满足他们充满活力和追求刺激的生活方式。

(2)家庭型:这类老年人将更多时间和精力投入到家庭、园艺、手工艺等活动中,他们注重家庭生活的品质和温馨。他们可能会喜欢烹饪美食、打理花园、做手工等家庭活动,也可能会积极参与到家庭成员的生活和教育中。针对这个群体,适合的产品和服务包括家庭装饰、厨房用具、园艺工具、手工艺材料等,以满足他们在家庭生活中的需求和兴趣。

(3)求知型:这类老年人对学习新知识和技能有浓厚兴趣,他们热爱阅读、参加课程、探索新领域。他们可能会参加各种学习班、读书会、讲座等活动,也可能会自学新技能或探索学术领域。对于这个群体,适合的产品和服务包括教育课程、读物、学习软件、艺术用品等,以满足他们追求知识和智慧的需求和兴趣。

通过这些细分方法,品牌可以更准确地识别和理解不同老年用户群体的具体偏好,从而开发出更加符合目标市场需求的产品和服务,并通过更精准的营销策略来吸引和满足这些用户。市场细分不仅帮助品牌更有效地配置资源,还能提升用户的满意度及对品牌的忠诚度。

(二)用户洞察

深入理解老年市场的用户洞察是适老化产品品牌竞争策略的核心部分。通过深入的市场调研和用户访谈,品牌可以揭示老年用户的真实需求、偏好、痛点和潜在问题,从而更准确地定位产品和服务。

1. 进行定性研究

(1)个别深度访谈:通过与老年用户进行一对一的深入交流,能够更全面地了解他们的日常生活、使用产品的经验、遇到的问题以及未满足的需求。在个别深度访谈中,研究人员可以针对每位被访者的特定情况和体验进行详细的探讨,倾听他们的心声和反馈。这种方式能够提供丰富的定性数据,帮助研究人员深入理解老年用户的需求和偏好,为产品和服务的改进提供有力支持。

(2)焦点小组:焦点小组是通过组织多个老年用户参与形成讨论小组,收集他们对特定产品或服务的看法和反馈。通过观察群体间的互动,可以揭示更多的洞察和见解。焦点小组能够促进参与者之间的思想交流和意见碰撞,激发新的想法和观点。参与者之间的讨论和互动可以帮助研究人员发现一些隐藏的问题或潜在的需求,从而为产品和服务的改进提供新的思路和方向。此外,焦点小组还能够加强老年用户之间的社会交流网络,增强他们的参与感和归属感。

2. 进行定量研究

(1)问卷调查:针对老年用户设计问卷进行调查,是一种常用的定量研究方法,通过向目标受访者发送问卷,收集关于他们的生活方式、购买行为、产品使用情况等方面的数据。这些问卷通常包括多个问题,涵盖多个主题,如健康状况、家庭状况、消费习惯、科技应用等。通过问卷调查,研究人员可以量化老年用户的行为和态度,了解他们对不同产品和服务的需求和偏好,为市场营销和产品设计提供数据支持。问卷调查具有成本低、覆盖面广、数据收集快等优点,但也存在回复率低、信息真实性受访问者主观影响等局限性。

(2)市场趋势分析:通过对老年市场的宏观趋势进行分析,可以了解老年人的人口统计、健康状况、经济能力等方面的情况,从而把握市场的整体需求和变化。这种分析通常包括收集和整理大量的统计数据和研究报告,通过数据分析趋势预测市场的发展方向和潜在机会。市场趋势分析还可以结合相关政策法规、产业发展情况等因素,对市场环境进行综合评估和预测。通过市场趋势分析,企业可以了解市场的竞争格局、产品需求结构、消费趋势等信息,为制定营销策略和产品规划提供参考依据。

3. 观察和体验研究

(1)用户日常生活观察:通过观察老年用户的日常生活,可以直接了解他们如何与产品和环境互动,以及在使用过程中遇到的问题和挑战。这种观察可以在老年用户的真实生活环境中进行,观察他们的行为、动作和反应,从而发现产品设计上的不足之处或可改进的空间。观察员可以记录下用户在日常活动中遇到的困难、疑惑或不便之处,为产品改进提供直接的参考和依据。

(2)体验模拟:体验模拟是通过设计模拟老年用户身体条件的设备或工具,比如模拟视力下降或关节僵硬的装置,来亲身体验老年用户的使用感受。研究人员或设计人员可以穿戴这些模拟设备,亲自体验使用产品的过程,从而更深入地理解老年用户在实际使用中面临的困难和挑战。这种体验模拟可以帮助设计人员更加贴近用户,了解用户需求,发现产品设计上的不足之处,并提出针对性的改进建议。通过体验模拟,可以更加真实地体验老年用户的感受,为产品设计和改进提供直接的指导和反馈。

4.持续的用户反馈和迭代

(1)用户反馈机制:建立有效的用户反馈渠道是收集老年用户意见和建议的关键。可以通过多种方式实现,例如设置在线反馈表单、提供客服热线或电子邮件等联系方式、组织定期的用户反馈会议等。关键是要确保老年用户可以方便地分享他们对产品的使用体验、感受到的问题以及提出的改进建议。鼓励老年用户参与到反馈过程中,并及时回应他们的反馈,以建立起一种积极的用户参与和反馈文化。

(2)迭代设计:根据用户反馈不断迭代产品设计是保持产品与用户需求一致性的关键。在收集到用户反馈后,设计团队应认真分析和评估用户的意见和建议,将其纳入到产品设计的改进计划中。通过不断地迭代设计,产品可以逐步优化和改进,以更好地满足老年用户的实际需求和期望。迭代设计的过程应该是持续的、渐进的,每一次迭代都应该基于前一次迭代的反馈和改进而进行,以确保产品能够不断地适应和满足老年用户的需求变化。

5.建立长期关系

(1)用户社群建设:建立老年用户社群是促进用户之间交流和维护品牌用户关系的重要手段。通过定期组织各类活动或提供在线平台,老年用户得以分享彼此的使用经验,交流产品感受以及提出意见和建议。这样的社群建设不仅促进了用户之间的互动与交流,也为品牌提供了一个直接听取用户声音的渠道。品牌可以通过社群活动或平台收集用户的反馈和建议,进一步改进产品设计和服务质量,同时增进品牌与用户之间的信任和亲近感。

(2)用户参与式设计:邀请老年用户参与到产品设计和测试的过程中,让他们成为解决方案的共同创造者,是建立长期关系的重要举措。通过邀请用户参与到产品设计的不同阶段,品牌可以充分了解老年用户的需求和期望,确保产品的设计与用户需求高度契合。此外,让老年用户成为产品的共同创造者还能够增强他们的参与感和归属感,使他们更加愿意与品牌建立长期的合作关系。通过用户参与式设计,品牌不仅可以开发出更具市场竞争力的产品,还能够树立良好的品牌形象,吸引更多的老年用户关注和信赖。

品牌不仅要深入了解老年用户的真实需求和潜在问题,还要建立与用户的长期信任和联系。这种深度的用户洞察将使品牌能够更准确地定位产品,开发出真正符合老年用户需求的解决方案,从而在竞争激烈的适老化产品市场中脱颖而出。

二、建立信任和品牌忠诚度

在适老化产品品牌竞争策略下,建立信任和品牌忠诚度是一个综合过程,需要品牌在多个方面进行努力。首先,强化品牌信誉是基础,这意味着品牌需要保持一贯的高品质,并积极响应用户反馈,展现出品牌的责任心和对用户需求的重视。同时,突出品牌的专业和经验可以帮助建立行业权威形象,从而赢得老年用户的信任。

提供卓越的客户服务是建立信任和忠诚度的关键。这包括提供便捷的客户支持,根据老年用户的具体需求提供个性化服务,并通过定期用户关怀来维护与用户的长期关系。这样的服务不仅解决了用户的即时问题,还传达了品牌的关怀和专注,增强用户对品牌的好感和信任。

营造共同价值感对于深化与用户的情感连接也非常重要。品牌应倡导明确的使命和价值观,参与社会责任活动,展现对老年群体和社会福祉的贡献,这样可以使品牌形象与用户的价值观产生共鸣。同时,实施忠诚度计划,通过忠诚奖励、定制化体验等方式激励用户的长期购买和推荐,这不仅增强了用户的忠诚度,还通过口碑传播扩大了品牌的影响力。

品牌需要建立稳定的品牌形象,确保在所有渠道和接触点上保持品牌信息和形象的一致性。利用老年用户群体中的口碑传播效应,鼓励满意用户向周围人推荐,可以有效扩大品牌的正面影响力。通过这些综合措施,品牌不仅能够在老年市场中建立起信任和忠诚度,还能长期维护和增强品牌的市场地位和声誉。

三、产品创新与差异化

在适老化产品品牌竞争策略中,产品创新与差异化是关键因素,能帮助品牌在市场中脱颖而出,并满足老年消费者的特定需求。产品创新不仅关乎技术的进步,更涉及品牌对老年用户需求的深入理解和满足。差异化则是确保产品在众多竞争者中独一无二、提供独特价值的方式。

产品创新要求品牌持续关注老年市场的动态和老年用户的生活方式变化,通过技术和设计的更新不断提升产品的功能性、便利性和安全性。这可能包括引入智能技术以提升用户体验,开发新型材料以增加产品的舒适度和耐用性,或是创新服务模式以更好地满足用户的综合需求。例如,智能家居设备可以帮助老年人更容易地控制家中的环境,而穿戴式健康监测设备则可以实时跟踪他们的健康状况。

差异化是品牌区分自身与竞争对手的重要手段。差异化可以从产品的功能、设计、服务、品牌形象等多个方面进行。在功能上,可以开发独特的功能或特性以满足老年用户的特定需求。在设计上,可以创造符合老年人审美和操作习惯的产品外观和用户界面。在服务上,提供超越同类产品的客户服务和支持,如专门针对老年人的使用培训和24小时客户支持。此外,构建有意义的品牌故事和形象,可以加深用户对品牌的认同感和情感联结。

创新与差异化策略应基于对老年用户深入的洞察和理解。这意味着品牌需要不断与用户进行交流,了解他们的反馈和建议,持续迭代产品以更好地适应用户的需求。此外,考虑到老年人在接受新事物上可能的保守性,品牌在推广创新产品时,应采取渐进式和教育式的策略,帮助用户了解和接受新技术。

总的来说,适老化产品的创新与差异化需要品牌持续投入研发,深入理解用户需求,以及创造性地将新技术和设计理念应用于产品之中。通过这些策略,品牌不仅能够提供符合老年用户需求的高质量产品,还能在竞争激烈的市场中建立和维护自身的竞争优势。

四、情感营销与社会责任承担

在适老化产品品牌竞争策略中,情感营销与社会责任承担是建立品牌形象、加深用户情感联结和提升社会影响力的重要策略。

(一)情感营销

情感营销是指品牌通过传达和激发特定的情感来与消费者建立深层次的情感联系。对于适老化产品而言,情感营销可以通过以下方式实现。

1.讲述品牌故事　品牌故事是品牌传播中至关重要的一环,特别是对于适老化产品品牌而言,通过真实而感人的故事来传达其使命、价值观或产品背后的故事尤为关键。这些故事可以是关于产品背后的研发历程,如团队如何为了满足老年人的需求进行反复测试和改进,以确保产品的质量和安全性;也可以是用户的感人经历,比如一位长者因为使用了这个品牌的产品而重新找回了生活的乐趣和活力;或者是品牌与用户之间的情感互动,例如品牌工作人员与用户之间的深刻对话和相互理解。

通过讲述这些故事,品牌能够触动消费者的内心,引发共鸣。当消费者能够从故事中感受到品牌的诚意和关怀时,他们会更加信任和认可这个品牌,从而建立起更深刻的情感联系。这种联系不仅仅是产品的功能和性能所能达到的,更是一种情感上的认同和共鸣,使消费者认为不但是购买了一个产品,更是在购买一个与自己情感相连的品牌。因此,品牌故事的力量不容忽视,它不仅是一种传播手段,更是建立品牌与消费者之间情感纽带的重要方式。

2.强调情感价值　适老化产品品牌在传播中除了突出产品的功能性价值外,还应当强调产品所带来的情感价值。这种情感价值不仅仅是指产品在实际使用中带来的便利和效用,更是指产品背后所蕴含的情感体验和情感连接。

品牌可以通过强调产品能够带来的安全感,让消费者在使用产品时感到放心与信任。无论是在家中独自生活还是与家人共同居住,老年人都希望能够保障自身安全,而适老化产品的设计理念正是围绕着这一点展开的。

此外,适老化产品品牌还可以强调产品能够带来的独立性。老年人在晚年生活中最希望的是能够保持独立,不依赖他人的帮助完成日常活动。因此,品牌可以通过产品的设计和功能来强调老年人在使用产品时的自主性和独立性,从而增强消费者对品牌的认可和信赖。

品牌还可以强调产品能够带来的家庭和谐。老年人通常是家庭的中坚力量,他们希望自己的晚年生活能够和谐愉快,并与家人有更多的互动和交流。适老化产品的设计理念应当注重与家庭生活的融合,使产品不仅能够满足老年人的需求,还能够促进家庭成员之间的情感沟通和联系,从而营造出温馨和谐的家庭氛围。

通过强调这些情感价值,适老化产品品牌可以吸引更多关注,并建立起与消费者更深层次的情感联系。这种情感联系不仅能够促使消费者选择该品牌的产品,还能够使他们在心理上与品牌建立起更加紧密的情感联系,从而增强品牌的影响力。

3.分享用户参与　品牌可以积极邀请用户分享他们的故事和体验,特别是与产品使用相关的积极变化或情感收获。这种参与不仅可以增强用户与品牌之间的情感共鸣,还可以为其他潜在消费者提供有力的参考和验证。

通过邀请用户分享他们的故事,品牌可以让消费者更深入地了解产品的实际效果和影响。用户的真实案例能够展现产品在生活中的实际应用场景,以及对用户生活产生的积极影响。这些故事不仅能够让消费者对品牌产生信任,还能够激发其他潜在消费者的兴趣,让他们更加愿意尝试和购买这个品牌的产品。

此外,用户参与也有助于品牌与用户建立更加密切的关系。当用户的故事被品牌采用并分享时,他们会感受到被重视和认可,从而增强对品牌的归属感和忠诚度。品牌可以通过回馈用户、与用户互动等方式进一步加强这种关系,促进用户对品牌的积极口碑传播和品牌认知度的提升。

用户参与是品牌建立情感联系、提升用户忠诚度和品牌认知度的重要途径。通过邀请用户分享他们的故事和体验,品牌可以真实地展现产品的效果和价值,同时建立起与用户之间更加紧密的情感纽带。

4.定制化体验　品牌可以通过提供个性化定制的产品或服务,满足不同用户的个性化需求和偏好。这种定制化体验不仅可以让消费者感受到品牌对他们的关怀和重视,还能够让彼此建立起更加牢固的情感联系。

个性化定制的产品或服务能够帮助品牌更好地了解消费者的需求和偏好。通过与消费者的直接互动,品牌可以深入了解他们的生活方式、喜好、习惯等,从而为他们量身定制最合适的产品或服务。这种定制不仅能够满足消费者的个性化需求,还能够提升他们的满意度和忠诚度。

个性化定制是品牌与消费者之间建立密切关系的重要途径之一。当消费者发现品牌能够根据自己的需求和偏好定制产品或服务时,会感受到被尊重和重视,从而增强对品牌的认同感和归属感。这种情感联系不仅能够促进消费者持续选择该品牌的产品或服务,还能够激发他们成为品牌的忠实拥护者并积极传播品牌的口碑。

因此,个性化定制体验对于品牌来说具有重要意义。品牌可以通过提供个性化定制的产品或服务,满足消费者的个性化需求,建立起与消费者更加牢固的情感联系,从而提升用户满意度和忠诚度,进而增强品牌的竞争力和市场地位。

(二)社会责任承担

企业在追求经济利益的同时,也需要积极承担社会责任,包括关注社会福利、环境保护、公益活动等。对于适老化产品品牌来说,承担社会责任可以通过以下方式进行。

1. 提升适老化意识　品牌可以通过开展教育和宣传活动,提高公众对老年人需求和适老化重要性的认识,包括举办老年人健康讲座、发布适老化知识手册、组织社区义工活动等,以促进社会对老年人的关注和理解。通过提升公众的适老化意识,品牌不仅能够树立良好的社会形象,还能够为老年人群体争取更多的关注和支持。

2. 参与或支持老年福利项目　品牌可以积极参与或资助老年人福利、健康、教育等相关的社会公益项目,包括捐赠资金或物资给敬老院、举办义诊活动、设立老年人奖学金等,以展现品牌对老年群体的关心和支持。通过实际行动回馈社会,品牌不仅能够提升自身的社会形象,还能够为老年人提供更多的帮助和支持。

3. 维系可持续发展　品牌在产品设计和生产过程中应该采用环保材料和方法制作,减少对环境的影响,体现品牌的环境责任感,包括选择可降解材料、提倡节能减排、推行循环利用等措施,以减少对自然资源的消耗和对环境的污染。通过可持续发展的实践,品牌不仅能够保护环境,还能够为未来的老年人创造更好的生活环境。

4. 保持透明和坚守道德行为　品牌应该保持高标准的企业道德感和透明度,坚持公平的供应链管理和诚实的市场行为,包括建立透明的企业管理制度、推行公平的雇佣政策、维护供应链伙伴的权益等,以确保企业的行为合乎道德和法律规定。通过诚实守信的经营,品牌能够增强公众对其信任和尊重,从而赢得更多消费者的支持和认可。

通过有效的情感营销和积极的社会责任实践,适老化产品品牌不仅能够吸引和维护用户,还能提升品牌形象,增强社会影响力,最终实现品牌的长期发展和市场成功。这些策略有助于品牌深入人心,与消费者建立持久的情感联结,同时也促进了整个社会对老年群体的关怀和支持。

五、优化渠道和触点

在适老化产品品牌竞争策略中,优化渠道和触点是确保产品能够有效地触及并满足老年消费者需求的重要环节。老年人群体在购买习惯、技术熟悉度和生活方式上可能与其他年龄段有所不同,因此,品牌需要通过精心设计的渠道策略来接触和服务于这一特定群体。

品牌需要在渠道选择上采取多元化策略,结合线上和线下渠道来实现全面覆盖。线下渠道,如实体店、社区中心或专门的老年产品展示会,提供了亲身体验产品的机会,这对于那些偏好直观购物体验或不太熟悉在线购物的老年人尤其重要。同时,线上渠道,如品牌网站、电子商务平台和社交媒体,也应被优化以提供便捷的购物途径,特别是对于那些逐渐习惯于使用数字设备的老年用户。

确保所有的触点都能提供无障碍和友好的用户体验至关重要,可使用简化的购物流程、清晰的信息传达、易于阅读的字体大小和高对比度的视觉设计。特别是在线渠道,应确保网站和应用的导航直观易懂,同时提供充足的客户支持,如在线聊天、视频解说或电话帮助,以解决老年用户可能遇到的任何困难。

品牌应考虑定期与老年用户互动,了解他们的反馈和建议,不断改进渠道策略。可以通过客户满意度调查、用户体验测试或社区活动等方式进行。通过持续的互动和改进,品牌可以更好地理解老年用户的需求和偏好,从而优化渠道和触点设计,提高服务质量和用户满意度。

通过多元化和优化渠道及触点,品牌能够更有效地接触和服务于老年消费者,提供符合他们需求和期望的购物体验。这不仅有助于提升老年用户的购买便利性和满意度,还能增强品牌的市场竞争力,实现长期成功。

六、强化教育和支持

在适老化产品品牌竞争策略中,强化教育和支持是非常重要的,特别是针对老年消费者。由于老年人可能不如年轻群体那样熟悉最新的产品和技术,因此,提供充分的教育资源和支持服务是确保他们能够有效使用产品并享受到相关福利的关键。

教育应从了解老年用户的需求和限制开始,包括他们对新技术的接受度、学习偏好和可能的身体限制等。基于这些理解,品牌可以开发各种教育材料和活动,比如配备产品使用指南、教学视频或组织工作坊、研讨会等。这些材料和活动应当简单直观,避免使用复杂的术语和概念,确保信息是易于理解和跟随的。

品牌应提供持续的支持服务,帮助老年用户解决使用产品过程中遇到的任何问题。这包括设立专门的客服热线、在线帮助中心或是上门服务,确保用户在遇到困难时可以快速得到帮助。对于一些较为复杂的产品,可以考虑提供一对一的培训服务,帮助用户熟悉产品的各项功能。

鼓励用户反馈也是教育和支持策略中的一个重要组成部分。通过收集和分析用户反馈,品牌不仅可以及时解决用户的问题,还可以获得宝贵的洞察,用于改进产品设计和服务。此外,建立用户社群,如线上论坛或定期聚会,可以促进用户之间的交流和学习,共同提升使用体验。

通过强化教育和支持，品牌可以帮助老年用户更好地理解和使用产品，从而提升用户满意度和忠诚度。这不仅有助于提升单个用户的使用体验，还能通过口碑效应增强品牌的整体市场竞争力。在老年市场，充分的教育和支持服务是品牌与用户建立长期信任关系的基石。

第三节　适老化产品测试与市场推广策略

适老化产品
测试与市场
推广策略

一、用户参与式测试

用户参与式测试是适老化产品测试与市场推广策略的核心，通过直接邀请目标用户群——老年人参与产品的测试和评估过程，确保产品设计符合他们的实际需求和偏好。这种测试策略强调从产品开发的早期阶段开始就不断地纳入用户的反馈，而不是在产品设计完成后才进行测试。通过在不同阶段与用户互动，开发团队可以及时调整设计，确保产品的每一次迭代都更加贴近用户的需求。

在进行用户参与式测试时，确保参与的老年用户具有代表性至关重要。老年人群体非常多元，他们的需求和能力可能因年龄、健康状况、生活习惯等多种因素而有很大差异。因此，测试群体应涵盖不同的年龄段、性别、生活背景及健康状况，以确保收集到的反馈全面且具有针对性。

更重要的是，用户参与式测试通常在真实环境中进行，如用户的家中或常去的社区中心，这样可以更真实地观察用户在日常生活中如何与产品互动。这种方法不仅能揭示用户在实际使用产品时遇到的问题和挑战，还能帮助开发团队理解用户的生活环境和使用背景，从而设计出更适合用户的产品。

此外，深入的用户访谈和观察也是收集反馈的重要手段。通过询问用户对产品的直接感受、喜欢和不喜欢的方面，以及他们的改进建议，开发团队可以获得宝贵的一手信息。在这个过程中，需确保反馈方式简单明了、易于用户理解和表达，尤其是考虑到老年用户可能存在的视觉、听力或认知限制。

用户参与式测试的目的不仅是为了改进产品，还在于建立用户与品牌之间的信任关系。通过让用户参与到产品的设计和改进过程中，可以提升他们对产品的认同感和满意度，从而有助于建立长期的用户忠诚度。总之，用户参与式测试是适老化产品成功推向市场不可或缺的一环，它使产品更加人性化、实用化，从而真正符合老年用户的需求和期待。

二、可用性测试

在适老化产品的测试与市场推广策略中，可用性测试是确保产品不仅满足老年用户需求,同时也易于使用的关键环节。这一过程需特别考虑老年人可能面临的视力减退、听力下降、认知和运动能力减弱等挑战。通过评估易学性、使用效率、易记性、错误率和用户满意度,以确保产品界面设计清晰,操作简便,且具有预防错误和容错能力。

在进行这些测试时,特别要强调界面的清晰度和直观性,确保字体、按钮大小和颜色对比度适应老年人的视觉需求,同时简化操作流程,减少复杂步骤,适应老年人可能下降的手部灵活性和协调能力。此外,产品应能有效预防和纠正错误,提供明确的操作反馈,并配备容易访问的帮助系统,以便用户在遇到困难时能够快速找到解决方法。

考虑到老年用户之间的差异性,产品设计应允许一定程度的适应性和个性化设置,使用户能够根据自己的喜好和能力调整使用环境。通过这种方式,可用性测试不仅关注产品的功能性,更重视老年用户的实际使用体验和满意度,确保产品设计贴近他们的实际生活,提升品牌的市场竞争力和用户忠诚度。

三、持续的反馈循环

在适老化产品的测试与市场推广策略中,建立一个持续的反馈循环是至关重要的。这个循环可以确保产品开发和优化过程中始终保持与老年用户的紧密联系,从而使产品更好地满足他们的需求和期望。持续的反馈循环通常涉及定期收集用户的使用体验反馈,包括满意度调查、用户访谈、在线评价以及实际使用过程中的观察等多种方法。这些反馈不仅提供了宝贵的洞察,帮助识别产品的潜在问题和改进机会,也是评估产品市场表现的重要手段。

为了建立有效的反馈循环,品牌需要确保反馈收集的过程既系统又灵活,能够覆盖产品使用的各个方面,并且适应老年用户的特定需求和偏好。同时,品牌应建立快速响应机制,对用户的反馈进行分析和整合,并将这些见解转化为产品设计和服务的具体改进措施。此外,与用户的持续互动和沟通也是反馈循环的重要组成部分,这不仅有助于收集反馈,也有助于增强用户的参与感和对品牌的忠诚度。

总之,通过建立和维护一个持续的反馈循环,品牌不仅能够持续优化产品,满足老年用户不断变化的需求,还能够加强与用户的联系,建立起长期的信任和支持关系。这对于提升用户满意度、增强品牌形象以及在竞争激烈的市场中保持竞争优势都至关重要。

四、分阶段市场推广

在适老化产品的测试与市场推广策略中,分阶段市场推广是一种有效且务实的方法。这种策略意味着品牌不会一开始就全面推广产品,而是通过一系列计划阶段性逐步扩大市场覆盖。初始阶段,品牌可能会选择一个较小的目标市场或用户群进行试点推广,可以是一个特定地理区域、特定用户群体或特定的销售渠道。这个阶段的重点是收集反馈,观察产品的市场表现,了解用户的真实需求和使用习惯,同时测试市场推广的策略和方法。

随着初步市场反馈的收集和分析,品牌可以对产品和推广策略进行必要的调整和优化,可能包括改进产品设计、调整价格策略、优化营销信息或提升客户服务。一旦这些调整被验证有效,品牌便可以进入下一个阶段,逐步扩大市场范围,比如扩展到更广的地理区域、更多的用户群体或更多样的销售渠道。

通过分阶段市场推广,品牌能够更加灵活和有控制地推出新产品,同时降低风险。每个阶段的学习和调整都会为下一步的推广提供坚实的基础,使得最终的市场推广更加精准有效。这种逐步推进的方式特别适合适老化产品,因为这类产品通常需要更多的用户教育和市场培育,而分阶段的推广可以为品牌提供必要的时间和空间来实现这些工作。总之,分阶段市场推广是一种考虑周全且成本效益高的策略,有助于品牌成功地将适老化产品引入市场并赢得用户的认可。

五、教育与培训

在适老化产品的测试与市场推广策略中,教育与培训起着至关重要的作用。这部分策略的核心在于帮助老年用户更好地理解、接受和使用新推出的产品,特别是那些涉及新技术或复杂操作的产品。为此,品牌需要提供易于理解和访问的教育资源,如详细的使用手册、在线教程、视频示范或互动指南。这些资源应当考虑到老年用户可能的视听限制和学习习惯,使用大字体、清晰的图像和简单的语言。

除了自助的学习材料以外,面对面培训也非常关键,尤其是对于那些不太熟悉数字技术的老年人,可以通过组织工作坊、研讨会或一对一的指导会话来实现。在这些活动中,用户不仅可以直接学习如何使用产品,还可以提出问题和分享经验,从而获得更深入的理解和更强的信心。

同时,教育与培训也是一个持续的过程。随着产品不断更新和升级,用户可能需要不断学习新的功能和操作方法。因此,品牌应该建立长期的客户教育计划,定期提供更新的教育内容和培训活动。此外,收集和分析用户在学习过程中的反馈,也能帮助品牌不断改进教育材料和培训方法,使其更加符合用户的实际需求。

总之,通过提供全面、易于理解和持续的教育与培训,品牌不仅能够帮助老年用户更好地利用产品,提升他们的满意度和忠诚度,还能够减少因使用不当而导致的问题和投诉,提高产品的整体市场表现。在适老化产品的市场推广中,教育与培训是连接品牌和用户、确保产品成功的关键环节。

六、强调产品的生活价值

在适老化产品的测试与市场推广策略中,强调产品的生活价值是极为重要的。这意味着在推广产品时,品牌需要超越只单纯介绍产品的功能和特性,更要突出产品如何改善老年用户的日常生活、提升生活质量以及带来实际的便利和安全感。通过展示产品在真实生活情境中的应用,以及它如何解决老年人特有的需求,品牌能够更加有效地与目标用户建立情感联系,促进产品的市场认可度和接受度。

在传达产品的生活价值时,品牌可以利用用户故事和案例研究来具体化和个性化这些价值。通过分享真实用户的经验,如他们如何利用产品来保持独立生活、与家人维持联系或享受兴趣爱好等,其他潜在用户可以更容易地看到产品在自己生活中的应用,从而激发购买欲望。此外,通过强调产品对于增进家庭和谐、提高社交参与度和保持活跃生活方式的贡献,品牌不仅能够吸引老年用户,也能够吸引他们的家庭成员和照顾者,这些人往往在购买决策中扮演着重要的角色。

强调产品的生活价值还意味着品牌需要深入理解老年用户的日常生活、价值观和情感需求。这通常需要品牌进行深入的市场研究和用户洞察,以确保推广信息的相关性和吸引力。准确地定位产品的生活价值,并通过适合老年人的渠道和方式传达这些价值,品牌将能够更有效地推广适老化产品,赢得市场的认可。

七、利用合适的推广渠道

在适老化产品的测试与市场推广策略中,选择和利用合适的推广渠道对于成功吸引老年用户至关重要。老年群体在媒体消费习惯、技术适应能力和信息获取方式上可能与其他年龄段有所不同,因此,了解并选择最有效的渠道对品牌而言至关重要。首先,品牌应该考虑传统媒体,如电视、广播和报纸,这些渠道往往是老年人获取信息的主要来源,尤其适合那些不常使用互联网的老年用户。其次,随着越来越多的老年人开始使用互联网和社交媒体,数字渠道如品牌网站、社交媒体平台、电子邮件营销等也变得越来越重要。通过这些渠道,品牌可以提供更加丰富和具有互动性的内容,如视频教程、用户评论和在线咨询服务。

然而,仅靠选择正确的渠道并不足够,品牌还需要确保通过这些渠道传达的内容和信息是针对老年用户的特点和需求量身定制的,包括使用适合老年人的语言和视觉设计,强调产品的易用性、安全性和对提升生活质量的贡献,以及提供清晰、具体的购买方式和联系信息。此外,利用口碑推荐也是非常有效的策略,老年人往往更倾向于信任家人朋友的推荐,因此,提供优质的产品和服务,鼓励满意的用户向周围人推荐,可以极大地扩大品牌的影响力和可信度。

总之,通过了解老年用户的媒体消费习惯和信息获取方式,选择合适的推广渠道,并确保通过这些渠道传递的内容和信息与老年用户的需求和偏好相匹配,品牌可以更有效地推广适老化产品,吸引和满足老年用户,从而在竞争激烈的市场中获得成功。

八、社区和组织合作

在适老化产品的测试与市场推广策略中,与社区和组织合作是一项重要的策略,尤其是在针对老年用户的市场中。社区和组织,如老年人俱乐部、健康中心、退休社区和慈善机构等,通常在老年人的生活中扮演着重要角色,这些地方不仅是老年人交流和活动的场所,也是他们获取信息和资源的重要渠道。通过与这些社区和组织建立合作关系,品牌可以更直接和有效地接触到目标用户,同时也能够获得更深入的市场洞察和用户反馈。

合作的形式可以多样,包括但不限于赞助社区活动、组织产品展示和试用、提供教育讲座和工作坊,以及参与公共健康福利项目。这些活动不仅能够提升品牌在目标用户中的知名度和好感度,还能够展示品牌对老年人群体的关心和承诺,从而建立信任和忠诚度。例如,通过赞助老年人健康讲座或疾病预防工作坊,品牌不仅可以向参与者展示其产品,还可以成为关心老年人健康的负责任企业,从而提升其品牌形象。

与社区和组织的紧密合作还可以帮助品牌更好地理解老年用户的需求和偏好,以及他们在使用产品和服务时面临的具体挑战。这些洞察对于指导产品的持续改进和优化至关重要。同时,社区和组织往往拥有强大的口碑传播网络,满意的用户通过这些网络分享自己的正面体验,可以极大地提高品牌的市场渗透率和影响力。

通过与社区和组织的合作,品牌不仅能够更有效地推广适老化产品,也能够建立起与老年用户群体的长期关系,获得宝贵的市场洞察,以及树立其承担社会责任的品牌形象。这种合作策略是适老化产品成功推向市场的关键环节,对于提升品牌的市场竞争力和获得长期成功至关重要。

案例分析

Cloud 淋浴系统

Cloud 的主要灵感来自老年人日常淋浴场景。Cloud 是一个完整的淋浴系统,使用者可以用一只手来操作,它拥有以下几种优势。①具有人体工程学的特征,且是一种模块化设计。②材料上,主要使用不锈钢、热塑性塑料和硅胶制成。手持花洒配有带螺纹的硅胶手柄,使用者可以轻松地用手抓住手柄,打开控制按钮。③Cloud 还集成了一个 LED 颜色编码温度控制阀,当水流的温度从热变冷,或介于两者之间时,它会用灯光指示。④该设计还可以利用温度控制阀正上方的按钮来分配沐浴露。

　　这些人性化的设计是在模拟老年人日常淋浴场景的基础上进行的适老化产品设计与开发,通过改变一定形态的产品,就可使老年群体更安全、更便捷地进行淋浴。

【分析】

1. Cloud 淋浴系统不同功能的模块化设计如何确保老年人能够轻松理解和使用?

2. 在材料选择上,不锈钢、热塑性塑料和硅胶的使用是否考虑了老年人可能存在的过敏或皮肤敏感问题?

3. LED 颜色编码温度控制阀是否经过老年人的实际测试,以确保他们能够准确地理解温度的变化?

4. 手持花洒的设计是否考虑了老年人手部力量和灵活性的限制? 如何确保他们能够轻松地握住并操作花洒?

5. 温度控制阀正上方的按钮设计是否符合老年人的操作习惯和需求? 是否需要进一步优化以提高其易用性和安全性?

复习思考题

1. 如何更好地规划一个优秀的适老化产品的策略内容?

2. 在老年市场中,适老化产品如何提升其竞争力?

3. 在适老化产品设计中,如何更好地调研老年用户群体?

参考文献

[1] 白学军,于晋,覃丽珠,等.认知老化与老年产品的交互界面设计[J].包装工程,2020,41(10):7-12.

[2] 陈旭,薛垒.基于 QFD/TRIZ 的适老化智能家居产品交互设计研究[J].包装工程,2019,40(20):74-80.

[3] 窦金花,齐若璇.基于情境分析的适老化智能家居产品语音用户界面设计策略研究[J].包装工程,2021,42(16):202-210.

[4] 匡亚林.老年群体数字融入障碍:影响要素、用户画像及政策回应[J].华中科技大学学报(社会科学版),2022,36(1):46-53.

[5] 刘奕,李晓娜.数字时代老年数字鸿沟何以跨越? [J].东南学术,2022(5):105-115.

[6] 陆杰华,韦晓丹.老年数字鸿沟治理的分析框架、理念及其路径选择:基于数字鸿沟与知沟理论视角[J].人口研究,2021,45(3):17-30.

[7] 唐艺.人口老龄化视域下的老人身心需求研究与建议:基于 ERG 理论模型分析[J].南京艺术学院学报(美术与设计版),2020(3):157-164.

[8] 魏强,吕静.快速老龄化背景下智慧养老研究[J].河北大学学报(哲学社会科学版),2021,46(1):99-107.

[9] 吴萍,彭亚丽.适老化创新设计[M].北京:化学工业出版社,2021.

[10] 杨菊华,刘轶锋,王苏苏.人口老龄化的经济社会后果:基于多层面与多维度视角的分析[J].中国农业大学学报(社会科学版),2020,37(1):48-65.

[11] 原新,金牛.中国老龄社会:形态演变、问题特征与治理建构[J].中国特色社会主义研究,2020(5):81-87.

[12] 张萍,丁晓敏.代偿机制下适老智慧产品交互设计研究[J].图学学报,2018,39(4):700-705.

（俞佳迪、肖艳彦）

第五章

康养照护类适老化产品的设计与开发

学习目标

- **知识目标**
  1. 阐述康养照护类适老化产品的内容；
  2. 分析康养照护类适老化产品开发所需考虑的因素。
- **能力目标**
  1. 总结康养照护类适老化产品的核心要点；
  2. 根据所学知识，提出康养照护类适老化产品设计应遵循的原则。
- **素质目标**

  用人文关怀去思考，理性提出设计。

第一节 产品谱系与调研定位

康养照护类适老化产品是指专门为老年人设计的，旨在提升他们的健康、福祉和生活质量的产品。这类产品的设计与开发、产品谱系构建以及调研定位都需要综合考虑老年人的生理、心理、社会和环境需求。

一、设计与开发

（一）用户中心设计原则

设计过程应以用户为中心，深入了解老年用户的需求和限制。这可能涉及用户的生理变化（如视力、听力、运动能力的下降）、心理变化（如对独立和尊严的需求）以及他们的生活习惯和偏好。

在康养照护类适老化产品的设计与开发中，坚持用户中心设计原则是实现产品成功的关键。这种设计策略强调深入理解并满足老年用户的独特需求，可能包括与生理、心理及社交相关的各个方面。为了有效地实施用户中心设计，首先需要通过用户访谈、焦点小组和实地观察等方式进行深入的市场调研,以获得对老年用户日常生活和需求的真实理解。这包括但不限于考虑老年人的视力、听力、运动能力下降等生理变化,理解他们对独立性、尊严和社交互动的需求,以及关注他们日常活动习惯和偏好。

在设计阶段,易用性和安全性是核心考量因素。产品应具有简洁直观的界面、大字体和高对比度的显示,以及防滑抓握等特点,以适应老年人的视觉和运动能力。心理和社交需求也应被纳入考量,设计不仅要帮助老年人保持独立和自尊,还要帮助他们增加社交活动、增强家庭联系。此外,产品的设计应具有灵活性和可适应性,能够随着用户需求的变化而调整或升级。

持续的用户参与和反馈是这一过程中不可或缺的一环。通过定期的用户测试和满意度调查,产品开发团队可以持续收集用户的意见和建议,并据此不断优化产品。这种持续的迭代过程能够确保产品适应老年用户不断变化的需求,提供真正有价值的解决方案。总的来说,通过贯彻用户中心设计原则,康养照护类适老化产品可以更有效地满足老年用户的需求,提升他们的生活质量,并在市场上取得成功。

(二)安全性与易用性

保证产品的安全性是设计的首要原则,避免任何可能造成伤害的风险。同时,产品应易于理解和操作,考虑到老年用户可能的认知和操作限制。

在康养照护类适老化产品的设计与开发中,确保产品的安全性与易用性是至关重要的。对于老年用户而言,这两个因素直接影响他们对产品的接受度和使用频率,从而决定了产品的实际效用和市场成功度。设计过程中将安全性作为基本原则,意味着在任何设计决策中,都要优先考虑减少风险和避免伤害。这可能涉及使用防滑材料、避免锐角设计、确保产品稳定性和防止意外启动等措施。此外,电子产品还需要考虑电气安全,防止过热和短路等情况。

另一方面,易用性则确保了老年用户能够直观理解产品的工作原理和操作方法,快速上手使用。这要求设计师深入理解老年用户的认知模式、视觉和听觉特点以及运动能力限制。为此,产品界面应简洁直观,操作步骤尽量简化,同时提供清晰的视觉、听觉或触觉反馈,以确保用户知道他们的操作是否正确。一些需要细致操作的产品,考虑提供物理辅助或自动化功能,减轻用户的操作难度。例如,开发一款智能药盒时可以设计一键式分药和提醒功能,以及大字体和语音提示,以适应老年人的视力和记忆能力。

在开发康养照护类适老化产品时,持续的用户测试和反馈收集对于确保安全和易用性尤为重要。通过与老年用户的实际互动,设计师可以获得宝贵的一手信息,了解哪些设计有效,哪些需要改进。这种持续的迭代过程能够帮助产品更好地适应用户的真实需求,同时也提升了用户的满意度和信任度。总之,通过将安全性和易用性作为设计的核心原则,康养照护类适老化产品可以更好地服务于老年用户,帮助他们享受更健康、更便捷、更安全的生活。

（三）适应性与可调节性

在康养照护类适老化产品的设计与开发中，适应性与可调节性是关键因素。老年人群体在身体能力、健康状况、技术熟练度等方面存在显著差异。产品的适应性和可调节性确保了它们可以服务于更广泛的用户群体，提供个性化的使用体验，并随着用户需求的变化进行调整。

1.适应性　适应性是指产品能够根据不同用户的特定需求或偏好自动调整或手动配置，以提供更个性化、贴合用户需求的体验。这种设计思想可以在多个方面体现。

（1）物理适应性：物理适应性涉及产品的结构和外观设计，以满足用户的个体差异。举例来说，可调节高度的康复设备能够根据用户身高或偏好进行调整，从而提供更加舒适和有效的使用体验；可扩展的握把或门把手，能够适应不同用户手部大小和握力的需求；根据用户体型调节的座椅和床铺也是物理适应性的重要体现，能够提供更符合用户身体结构和偏好的支持和舒适度。

（2）功能适应性：功能适应性涉及产品的操作和功能设计，以满足不同用户的能力和偏好。举例而言，健身器材上的阻力调节功能可以满足用户根据体力水平和健身目标进行调整，从而保证每个用户都能够获得合适的锻炼强度和效果。在智能设备上，功能适应性可能体现在调节反应速度和提示频率方面，让用户根据自身的熟练程度和需求来调整设备的反馈方式，以获得更加舒适和自主的使用体验。这种功能适应性不仅能够提高产品的易用性和用户满意度，还能够促进用户的积极参与和持续使用。

2.可调节性　可调节性是指产品允许用户或照顾者根据个人的具体需求和偏好手动调整产品的某些特征或功能，以提供更加个性化的使用体验。这种设计理念可以体现在多个方面。

（1）界面定制：界面定制允许用户根据自己的偏好和需求对产品的界面进行调整。例如，在智能设备上，用户可以调整字体大小、音量或界面布局，以适应不同的视力和听力水平。这种个性化的界面定制能够帮助用户更轻松地使用产品，提高产品的可访问性和易用性。

（2）功能设置：功能设置允许用户根据实际需要选择开启或关闭特定的辅助功能，或者选择不同的使用模式来适应不同的使用场景。例如，某些辅助设备可以提供多种功能模式，用户根据自己的需求选择合适的模式，以获得最佳的使用效果。另外，个性化设备的行为设置也是可调节性的重要体现，用户可以根据自己的喜好调整设备的行为，以满足个性化的需求和偏好。

产品的适应性与可调节性不仅增加了其对不同用户的适用性，也大大提升了用户的满意度和舒适度。在设计这类产品时，开发团队需要进行深入的用户研究，理解老年用户的多样化需求，并在设计中考虑如何实现高度的个性化和灵活性。

同时，应当在用户手册或培训材料中提供清晰的指导，帮助用户理解如何调节产品，确保这些功能的实际使用率。通过不断的用户反馈和产品迭代，设计团队可以细化和完善适应性与可调节性的设计,使产品更贴合老年人的实际需求和使用场景,从而在康养照护市场中获得成功。

二、产品谱系

(一)多样化产品线

在康养照护类适老化产品的产品谱系与调研定位中,构建多样化的产品线是实现全面照护目标的重要策略。随着老年人群体的增长,他们的需求和偏好变得更加多样化和复杂,单一的产品或服务往往难以满足所有人的需求。因此,开发一系列涵盖不同需求和功能的产品,可以更有效地服务于广泛的老年用户,提高市场覆盖率和用户满意度。

1.健康监测设备　这类产品用于实时监测老年人的生命体征和健康状况,包括心率、血压、血糖等。通过穿戴式设备、家庭医疗设备或移动应用等形式,用户可以及时获得健康信息,而家属和医疗服务提供者也可以远程监控老年人的健康状况,及时发现问题并进行干预。

2.日常生活辅助工具　老年人在日常生活中可能遇到各种困难,如视力下降、听力减退或运动能力降低等,这类产品旨在帮助老年人更加独立和方便地完成日常生活,包括具有大按钮和语音提示的智能电话、自动开关的照明系统、易于操作的厨房设备等。

3.康复设备　对于那些经历过疾病或手术,需要康复训练的老年人,康复设备可以帮助他们恢复身体功能和提高生活质量,包括各种物理治疗设备、康复运动器材和支持性家具等。通过专业的设计,这些设备可以帮助老年人进行有效的康复训练,同时减少受伤的风险。

在构建多样化产品线时,品牌需要深入了解老年人的具体需求,进行市场细分,并开发不同的产品来针对不同的用户群体。同时,品牌还需要考虑产品之间的协同效应,如将不同产品组合成一套解决方案,为老年用户提供全面的康养照护服务。通过不断地市场调研和用户反馈,品牌可以持续优化产品线,确保其符合市场趋势和用户需求,从而在康养照护市场中取得成功。

(二)产品层次结构

设计不同级别的产品,从基础型到高级型,以满足不同经济能力和需求的用户群体。在康养照护类适老化产品的产品谱系与调研定位中,构建一个有层次的产品结构是至关重要的,这样的层次结构不仅可以扩大市场覆盖面,还能提供递增的价值,使用户根据自己的实际情况和需求选择最合适的产品。

1.基础型产品　这类产品通常功能较为简单,操作易懂,价格也相对低廉,适合有限预算或只需基本功能的用户。例如,一个基础型的健康监测手表可能只提供心率和步数计算功能,但对于只需要跟踪基本活动量的老年人来说已经足够。

2.中级型产品　这类产品在功能和性能上有所提升,可能包括更多的监测项、更好的用户界面和额外的便利性功能;价格适中,适合那些希望获得更好使用体验但预算有限的用户。例如,中级型的康养照护设备会加入睡眠质量监测、简单的健康建议等功能。

3.高级型产品　这类产品提供最先进的技术和最全面的功能,可能包括高度个性化的服务、先进的健康数据分析、与医疗服务提供者的数据共享等。这类产品通常价格较高,适合对健康管理有高要求或愿意为高端服务支付额外费用的用户。

构建这样的产品层次结构关键在于确保每一层次的产品都能提供明确的价值增量,让用户明白高级产品的功能升级所在。同时,产品之间应保持一定的一致性和兼容性,使用户能够根据自己需求的变化逐步升级。此外,品牌还需要通过市场调研和用户反馈不断优化每个层级的产品,确保其功能、性能和价格都符合目标用户群体的期望和需求。

通过这种层次化的产品谱系,品牌可以更精细地满足不同用户的需求,提供从入门到高端的全方位解决方案,同时也为用户提供了成长和升级的空间,从而在康养照护市场中获得竞争优势。

(三)一体化解决方案

在康养照护类适老化产品的产品谱系与调研定位中,提供一体化解决方案是一个重要的策略。一体化解决方案通过整合各种产品和服务,形成一个协同工作的系统,为老年用户提供全面、连贯、便捷的康养照护体验。这种解决方案通常涵盖健康监测、日常生活辅助、安全保障、社交互动等多个方面,旨在满足老年人的综合需求,并帮助他们实现更健康、更独立的生活。

1.健康监测与管理　健康监测与管理的一体化解决方案是为老年人提供全面健康管理服务的重要方式之一。这种解决方案通常包括各种健康监测设备,如智能手表、血压计、血糖仪等,这些设备能够实时收集用户的健康数据,并将数据通过一个中心平台进行整合和分析,从而提供定制化的健康建议和预警。

智能手表是健康监测与管理中常用的设备之一。这些智能手表配备了多种传感器,可以监测用户的心率、睡眠质量、步数、运动情况等数据。通过智能手表的数据采集功能,用户可以实时了解自己的健康状况,并在需要时采取相应的行动。

血压计和血糖仪等设备也是健康监测与管理的重要组成部分。老年人常常需要监测血压和血糖水平,以及其他生理指标,以便及时发现健康问题并采取措施进行管理。这些设备可以通过蓝牙或无线局域网连接到中心平台,将数据传输到云端进行存储和分析。

在中心平台方面,通常会使用健康管理软件或在线平台来整合和分析用户的健康数据。这些平台可以根据用户的个人健康档案和监测数据,提供个性化的健康建议、营养指导、运动计划等。同时,它们还可以通过智能算法和人工智能技术,进行健康风险评估和预警,及时发现潜在的健康风险,并提供相应的预防和管理方案。

健康监测与管理的一体化解决方案为老年人提供了全面的健康管理服务。通过各种健康监测设备和中心平台的整合,老年人可以更方便地监测和管理自己的健康状况,提高生活质量,延长健康寿命。

2.日常生活辅助　除了健康监测与管理,为老年人提供日常生活辅助的解决方案也是至关重要的。这些解决方案包括各种日常生活辅助工具,旨在帮助老年人更便利、更安全地完成日常任务,提高他们的生活质量和自主性。

自动药物提醒器是一种常见的日常生活辅助工具。老年人可能需要定期服药,但由于记忆力有所下降,可能会忘记服药时间。自动药物提醒器通过设置提醒时间和声音提示,帮助老年人及时服药,避免漏服或误服,从而更好地控制疾病进展,提高治疗效果。

智能灯光和温控系统也是老年人日常生活中的重要辅助工具。老年人可能对温度和光线敏感,需要在舒适的环境中生活。智能灯光和温控系统可以根据老年人的偏好和习惯,自动调节室内温度和光线亮度,提供舒适的居住环境,同时也有助于节能和环保。

紧急呼叫设备也是老年人日常生活中的一个重要保障。老年人可能会遇到突发状况或紧急情况,需要及时求助。紧急呼叫设备可以通过一键呼叫或语音识别技术,快速联系家人、护理人员或急救服务,提供及时的援助和支持,保障老年人的安全和健康。

除了以上提到的日常生活辅助工具,还有很多其他的解决方案,如智能家居门锁、可穿戴跌倒检测器、智能厨房设备等,都可以帮助老年人更好地应对日常生活中的各种挑战,提高他们的生活质量和幸福感。

3.社交与娱乐　考虑到老年人的社交和娱乐需求,一体化解决方案可以提供多种功能,旨在帮助老年人保持与家人、朋友的联系,以及享受丰富多彩的生活。

视频通话是一种常见的社交工具,可以帮助老年人与远方的家人、朋友进行实时沟通。通过视频通话功能,老年人可以看到对方的面孔,听到对方的声音,以达到更加亲近的沟通效果。这种功能尤其适合那些身处不同地区的家人和朋友,让老年人能够随时随地与他们交流,分享生活中的喜悦和忧虑。

社交媒体也是老年人社交需求得以满足的重要渠道之一。通过社交媒体平台,老年人可以与其他用户分享自己的生活点滴、观点和情感,与朋友互动、留言,从而扩大社交圈,增加社交活动的频率和多样性。同时,社交媒体还可以成为老年人获取信息、参与话题讨论的平台,丰富他们的社交体验。

除了社交功能,娱乐内容也是一体化解决方案的重要组成部分。老年人可以通过一体化解决方案获取各种娱乐内容,如电影、电视节目、音乐、游戏等,丰富自己的业余生活。这些娱乐内容可以根据老年人的兴趣爱好和喜好进行个性化推荐,提供多样化的选择,让他们在家中就能轻松享受到丰富多彩的娱乐体验。

一体化解决方案可以通过提供视频通话、社交媒体、娱乐内容等功能，帮助老年人满足其社交和娱乐需求，保持与家人朋友的联系，丰富其生活体验，提升其生活质量和幸福感。这些功能的应用不仅可以改善老年人的生活方式，还可以促进其身心健康和社会融入感。

4.服务整合　除了产品以外，一体化解决方案还可以整合各种服务，形成一个全方位的服务生态，为老年用户提供更为综合、个性化的康养照护服务体系。这些服务涵盖了各个方面，旨在满足老年人多样化的需求和偏好，提升他们的生活质量和幸福感。

健康咨询是一项重要的服务内容。老年人可能面临着各种健康问题，需要专业的医疗指导和建议。一体化解决方案可以提供在线健康咨询服务，让老年人能够随时随地与医生或健康专家进行沟通，解决健康问题，获取健康管理方面的建议。

家政服务也是老年人生活中不可或缺的一部分。老年人可能需要进行家务劳动、照顾植物和宠物、清理环境等，但因为身体不便或其他原因可能无法自己完成。一体化解决方案可以整合家政服务，提供定期清洁、家庭维修、食品采购等服务，让老年人能够轻松解决日常生活中的琐事，享受更为舒适和便利的生活。

康复训练也是一项关键的服务内容。老年人可能因疾病、手术或意外受伤而需要进行康复训练，以恢复身体功能和提高生活质量。一体化解决方案可以整合康复训练服务，提供个性化的康复计划和指导，包括物理治疗、运动康复、功能训练等，帮助老年人尽快恢复健康，重返正常生活。

除了以上几种服务，一体化解决方案还可以整合其他各种服务内容，如心理咨询、社交活动组织、文化娱乐等，满足老年人多方面的需求和兴趣。通过整合各种服务，一体化解决方案为老年用户提供了一站式的康养照护服务，帮助他们更好地应对生活中的挑战，享受更为丰富、健康的晚年生活。

在开发一体化解决方案时，需要考虑产品和服务之间的兼容性和协同效应，确保它们能够无缝衔接和协同工作。此外，方案的用户界面和操作流程应尽可能简单直观，以适应老年用户的操作习惯和认知能力。同时，品牌需要进行深入的市场调研和用户测试，持续收集用户反馈，并根据反馈优化解决方案。

通过提供一体化的康养照护解决方案，品牌不仅能够为老年用户提供更高效、更便捷、更个性化的服务，还能够提升用户满意度和忠诚度，从而在竞争激烈的市场中获得优势。

三、调研定位

(一)市场调研

在康养照护领域，适老化产品的多样化产品线是为了满足老年用户日益增长和多样化的需求。随着老年群体人数的增加，他们的健康状况、生活习惯和个人偏好差异性越来越明显,这就要求产品能够覆盖更广泛的需求。以下是构建多样化产品线的几个关键类别。

1.健康监测设备　这类产品主要用于监测老年人的健康状况,如心率、血压、体温等。它们可以是穿戴式设备、家庭安装设备或便携式设备。通过持续监测和记录数据,这些设备不仅可以帮助老年人及时了解自己的健康状况,还可以为医护人员提供重要的健康数据,辅助诊断、治疗和护理。

2.日常生活辅助工具　老年人在日常生活中可能会遇到各种障碍,如行动不便、视力或听力下降等。日常生活辅助工具旨在帮助他们克服这些障碍,使其保持独立和自尊。这类产品包括自动或半自动的家居设备(如智能灯光、温控系统)、通信辅助工具(如大字体电话、语音控制系统),以及个人移动辅助设备(如助行器、轮椅)。

3.康复设备　对于经历疾病或损伤后需要康复的老年人,康复设备可以帮助他们恢复身体功能,提高生活质量。康复设备包括物理治疗设备、运动康复器材、康复支持家具等。这些设备通常需要专业的医疗服务提供者配合使用,以确保康复效果和安全性。

在构建这些多样化产品线时,产品的设计需要充分考虑老年用户的特点和需求,确保产品既有实用性,又具备易用性和安全性。此外,品牌还需要不断进行市场调研,获取用户反馈,持续优化产品线,引入新技术和创新设计,以更好地满足老年用户不断变化的需求。通过提供全面且多样化的产品线,品牌能够为老年用户提供更加丰富和个性化的康养照护解决方案,提升用户满意度和忠诚度,从而在竞争激烈的市场中获得成功。

(二)用户画像

在康养照护类适老化产品的谱系构建中,创建详细的用户画像是一项至关重要的工作。用户画像通过收集和分析具体的用户数据,帮助设计师和市场推广团队深入理解目标用户群体的特点和需求,从而指导产品设计和市场推广策略的制定。以下是构建用户画像的几个关键方面。

1.年龄　老年人群体是一个十分广泛的群体,他们的年龄跨度很大,因而在需求和偏好上可能存在着显著的差异。因此,了解用户的具体年龄情况对于产品的设计和市场定位是至关重要的。可以对老年人进行年龄分组,比如将他们分为65至74岁、75至84岁、85岁及以上等不同年龄段,帮助企业更准确地了解他们的消费行为、偏好和需求,从而更好地满足他们的个性化需求。

(1)65~74岁的老年人:他们可能更注重生活的质量,追求舒适和便利。他们可能更喜欢参加社交活动、体育锻炼和旅行等,同时也可能更关注健康管理和医疗保健。因此,对于这一年龄段的老年人,可以推出一些针对性的产品和服务,如社交俱乐部、健康管理软件等。

(2)75~84岁的老年人:他们可能更注重安全和稳定。他们可能更倾向于在家中享受休闲时光,关注家庭生活和孙辈成长。因此,针对这一年龄段的老年人,可以推出一些与家庭生活相关的产品和服务,如家庭保健服务、家庭安全监控设备等。

(3)85岁及以上的老年人:他们可能更需要关爱和照顾。他们可能更多地依赖于家人或社区的帮助,同时也可能面临着健康和行动上的挑战。因此,针对这一年龄段的老年人,可以推出一些关爱和照顾型的产品和服务,如社区护理服务、健康监护设备等。

通过对老年人进行年龄段的细分,企业可以更好地理解他们的需求和偏好,为他们提供更贴心、更个性化的产品和服务,从而提升企业的竞争力和市场份额。

2. 健康状况 老年人的健康状况直接影响着他们对于康养照护产品的需求。了解老年人的健康状况可以帮助企业更好地设计和定位产品,以满足老年人的健康管理需求。在老年人群体中,存在着多样化的健康状态,有些人可能身体健康、活动自如,而另一些则可能面临着各种健康问题,比如患有糖尿病、心脏病、关节炎等。因此,了解不同老年人的健康状况至关重要。

针对身体健康、活动自如的老年人,他们可能更注重保持身体健康和精神状态良好。他们可能更愿意参加各种户外活动、社交聚会等,追求生活的丰富多彩。对于这一类老年人,可以推出一些与健康管理、运动健身相关的产品和服务,如健康监测设备、健身俱乐部等。

而对于那些面临特定健康问题的老年人来说,他们可能更需要专业的健康管理和照护。比如,糖尿病患者可能需要定期监测血糖、控制饮食,心脏病患者可能需要定期测量血压、进行心脏康复训练,关节炎患者可能需要特定的运动和理疗等。对于这些老年人,可以推出一些针对性的康养产品和服务,如智能健康监测设备、定制化康复计划等,以帮助他们更好地管理健康,提升生活质量。

了解老年人的健康状况对于设计和推广康养照护产品至关重要。为不同健康状况的老年人提供个性化的产品和服务,可以更好地满足他们的实际需求,提升产品的市场竞争力和用户满意度。

3. 生活环境 用户的居住环境对于他们对产品的需求和偏好有着显著的影响。老年人的生活环境多种多样,有些人居住在城市的公寓或独立屋,而另一些则可能生活在郊区或乡村地区,不同生活环境的老年人对产品的需求也会有所不同。

对于居住在城市公寓或独立屋的老年人来说,他们可能更注重生活的便利性和舒适性,同时也更愿意接受新科技的应用。因此,他们可能对智能家居产品有着更高的需求,比如智能家居控制系统、智能安防设备、智能健康监测器等。这些产品可以帮助老年人更轻松地管理家庭生活、提升居家安全,以及监测健康状况。

而对于居住在乡村或郊区的老年人来说,他们可能更注重与自然环境的互动和户外活动。他们可能更喜欢在花园里种植、散步或进行其他户外活动,因此对于移动辅助设备或与户外活动相关的产品可能有更高的需求。比如,他们可能需要轻便的行走助力器、户外休闲椅、园艺工具等,以便更好地享受户外生活。

此外,还有一部分老年人选择在退休后搬到度假胜地或养老社区居住。对于这一类老年人来说,他们可能更希望享受休闲度假的生活,同时也需要便利的养老服务。因此,针对这一群体,可以推出一些度假养老社区的特色服务和设施,如养老旅游套餐、康体活动中心、健康养生指导等。

所以,老年人的生活环境对于他们对产品的需求和偏好有着重要的影响。通过了解老年人的生活环境,并根据其需求提供个性化的产品和服务,可以更好地满足他们的实际需求,提升产品的市场竞争力和用户满意度。

4.个体偏好　老年用户的个人偏好在很大程度上决定了他们对产品和服务的选择。这些偏好涵盖了多个方面,包括美学设计、操作方式、功能特性等,都对老年用户的购买和使用决策产生着重要影响。因此,了解老年用户的偏好对于品牌提供更符合用户期待的产品和服务至关重要。

美学设计对老年用户至关重要。他们可能更倾向于简洁、清晰、易于理解的设计风格,避免过于复杂或烦琐的界面和操作。对于产品的外观设计,老年用户可能更喜欢温馨、亲切的风格,以及易于辨识的标识和符号。

操作方式也是老年用户非常关注的一个方面。他们可能更偏好简单直观、易于操作的界面和控制方式。对于数字产品,老年用户可能更倾向于大按钮、清晰的标识、语音提示等设计,以降低学习和使用的难度。

功能特性也是老年用户考虑的重要因素之一。他们可能更注重产品的实用性和易用性,而不是追求过多复杂的功能。对于智能产品,老年用户可能更关注其基本功能,如安全监测、健康管理等,而不是高级功能或技术参数。

除了以上几点,老年用户的偏好还可能受到文化、社会背景和个人经验的影响。一些老年用户可能更偏好传统的产品和服务,而另一些可能更愿意接受新科技和创新设计。因此,了解老年用户的个人偏好是一个动态的过程,需要不断地进行市场调研和用户反馈收集,以不断优化产品和服务的设计。

了解老年用户的个人偏好对于品牌提供更符合用户期待的产品和服务至关重要。通过设计简洁明了、易于操作、实用易用的产品,品牌可以更好地满足老年用户的需求,提升产品的市场竞争力和用户满意度。

5.消费能力　老年用户的经济状况和消费能力是影响其购买决策的重要因素之一。不同老年人之间存在着差异巨大的经济状况,有些可能拥有丰富的退休金或储蓄,而另一些则可能相对贫困或依赖社会福利。因此,了解老年用户的消费能力对于品牌在产品定价和市场定位上做出更合适的决策至关重要。

一些老年人可能愿意为高质量或高端功能支付更多。他们可能更倾向于购买品质有保证的产品,不惜花费更多的金钱来获得更好的用户体验和功能体验。这类老年用户可能更注重产品的品牌、设计、材料和性能等方面,愿意为其提供的价值支付相应的价格。

另一方面,也有一部分老年人可能更注重产品的性价比。他们可能更倾向于购买价格相对较低,但性能和质量仍然过得去的产品。这类老年用户可能更注重产品的实用性和经济性,希望在保证质量的前提下,以较少的开支满足自己的需求。

除了个人经济状况外,老年用户的消费能力还可能受到家庭和社会支持的影响。有些老年人可能依靠子女或其他亲属的经济支持,有着更灵活的消费能力;而另一些可能仅依赖退休金或社会福利,对于产品的价格更为敏感。

因此,品牌在产品设计和营销策略上需要综合考虑老年用户的消费能力。对于高端产品,可以针对有一定经济实力的老年用户,提供更多的高品质、高功能的选择,并采取相应的定价策略;而对于中低端产品,可以注重性价比,满足更广泛的老年用户群体的需求。

了解老年用户的消费能力对于品牌在产品定价和市场定位上做出更合适的决策至关重要。通过深入了解老年用户的经济状况和消费偏好,品牌可以更好地满足他们的需求,提升产品的市场竞争力和用户满意度。

通过创建详细的用户画像,品牌不仅能够更好地理解目标用户群体的需求和特点,还能基于这些理解做出更精准的产品设计和市场决策。这不仅可以提高产品的市场适应性和用户满意度,还可以增强品牌的竞争力和市场影响力。

(三)竞争分析

在康养照护类适老化产品的产品谱系构建中,进行深入的竞争分析是确保产品在市场中保持竞争优势的关键。这一过程涉及分析和比较竞争对手的产品特性、市场策略以及定位,并从中找到自身产品的差异化定位。

首先,品牌需要详细了解竞争对手的产品功能、性能、设计和价格,评估它们在满足市场需求方面的优势和不足,包括观察它们的技术创新、用户体验和客户反馈,了解哪些因素是用户选择产品时考虑的关键点。

其次,品牌要评估竞争对手的市场推广方式、销售渠道和客户服务策略,分析他们是如何通过这些策略影响市场和塑造品牌形象的。同时,通过监测竞争对手的市场活动和用户反馈,品牌可以获得市场趋势和用户需求的宝贵信息。这些信息对于指导自身的产品设计和市场决策至关重要。

再者,品牌需要识别并强化自身产品的独特价值,这包括功能上的创新、性能上的优化、设计上的差异或服务上的特色。通过清晰的差异化定位,品牌可以更有效地吸引目标用户,提高产品的市场竞争力。这需要品牌不断地进行市场调研和获取用户反馈,了解市场和用户需求的变化,并据此不断调整和优化产品。

竞争分析是康养照护类适老化产品设计与开发中不可或缺的环节。通过深入的分析和持续的监测,品牌可以确保其产品始终符合市场需求,拥有明确的竞争优势,并在不断变化的市场中保持领先地位。

第二节　产品设计与开发策略

产品设计与
开发策略

康养照护类适老化产品的设计与开发策略需要综合考虑老年用户的特定需求、生活方式以及身体和认知能力的变化。以下是该类产品设计与开发的关键策略。

一、深入用户研究

在康养照护类适老化产品的设计与开发策略中，深入的用户研究是确保产品有效和取得市场成功的基石。这一过程涉及全面了解老年人群体的生理、心理、社交和环境需求，以及他们在日常生活中面临的挑战。以下是深入用户研究的关键方面。

1. 生理需求与挑战　随着年龄增长，老年人可能会出现视力、听力下降，运动能力减弱等问题，或患上各种慢性疾病。深入了解这些生理变化对他们日常生活的影响，可以帮助设计师开发出既能提高生活质量又易于使用的产品。

2. 心理需求　老年人可能对独立、尊严、安全和舒适有着强烈的需求。深入理解这些心理需求对于设计出能够提升用户满意度和接受度的产品至关重要。此外，了解老年人对于新技术的态度和接受程度也是必不可少的。

3. 社交需求　老年人的社交活动和社交圈子可能会随着退休和身体能力的变化而减少。产品设计时需要考虑到如何帮助他们保持社交活动，促进其与家人、朋友和社区的联系。

4. 环境考量　考虑老年用户的生活环境，包括他们居住的房屋结构、地理位置、可获取的服务和资源等。产品需要适应这些环境条件，确保用户在自己的生活环境中易于使用。

5. 用户多样性　老年人群体极其多样化，不同个体在健康状况、生活习惯、文化背景、经济状况等方面可能有很大差异。因此，用户研究需要覆盖不同类型的老年人，确保产品设计能够满足不同群体的需求。

通过这些深入的用户研究，品牌和设计团队可以获得宝贵的洞察，指导产品的设计与开发，确保最终产品能够真正解决老年用户的实际问题，提升他们的生活质量。同时，持续的用户反馈和市场测试也是不可或缺的，它们可以帮助团队不断优化产品，适应用户需求的变化，保持产品的竞争力。

二、功能性与简易性

在康养照护类适老化产品的设计与开发策略中，强调功能性与简易性是至关重要的。这不仅确保了产品能够有效满足老年用户的需求，也使得这些功能易于被理解和操作，尤其是考虑到老年用户可能存在的认知和运动能力限制。以下是实现功能性与简易性的关键策略。

1. 明确的功能定位　产品的功能应该清晰、专注，并且能够直接解决老年用户的具体需求。避免不必要的复杂功能，每个功能都应该有一个明确的目的，并且能够简便地被用户理解和使用。

2.简易的操作流程　　减少操作步骤和简化操作流程是提升产品简易性的关键。设计时应考虑如何通过最少的步骤完成核心任务，例如使用大按钮和简单的菜单结构，减少子菜单的层数，以及提供快捷操作方式。

3.直观的用户界面　　用户界面应直观易懂，配合老年用户的视力和认知特点，包括使用大字体、高对比度的颜色、清晰的图标和简洁的布局，确保用户在第一时间内就能理解各个功能和指示。

4.清晰的指示与反馈　　确保产品在操作过程中提供清晰的指示和即时的反馈。例如，当操作被成功执行时，可以通过视觉信号、声音或触觉反馈来告知用户。这种反馈不仅增强了用户的操作信心，还可以减少操作错误的发生。

5.用户测试和迭代　　通过持续的用户测试来验证设计的功能性和简易性。收集老年用户在实际使用过程中的反馈，观察他们使用产品时的自然行为，了解哪些设计是有效的，哪些地方需要改进，然后根据这些反馈迭代和优化产品设计。

通过将功能性和简易性作为设计的核心原则，康养照护类适老化产品能够更好地服务于老年用户，帮助他们提升生活质量，同时也能提高用户的满意度和接受度。这种以用户为中心的设计方法是确保产品成功的关键。

三、安全性与舒适性

在康养照护类适老化产品的设计与开发策略中，安全性与舒适性是两个至关重要的考虑因素。老年用户由于身体机能退化等原因可能更容易受到伤害，并且对不适更加敏感，因此在产品设计时需确保每一个环节和细节都符合最高的安全标准，同时提供最优的舒适体验。

确保安全性意味着产品在设计和制造过程中需要遵循严格的标准和规范，包括选择非毒性、无害的材料，确保产品结构稳固可靠，以及设计防滑、防碰撞的功能，避免任何可能导致老年用户摔倒、割伤或其他形式伤害的风险。对于电子产品，还需要确保电气安全，防止电击或过热等事故发生。此外，产品应具备紧急响应或报警机制，以便在用户遇到危险时能够及时呼叫帮助。

舒适性的提升是提高老年用户使用满意度的关键。这涉及使用柔软、透气、贴肤或可调节的材料，以适应老年人的皮肤和身体状况。设计时还需考虑到产品的人体工程学特性，确保产品的形状、大小和重量适合老年人长时间使用，不会造成不必要的疲劳或不适。例如，对于需要手持的设备，设计应考虑到抓握的舒适度和力量分布，使其既稳固又不易引起手部疲劳。

通过在设计与开发阶段深入考虑和实现安全性与舒适性，康养照护类适老化产品不仅能够为老年用户提供必要的照护和支持，还能确保他们在使用产品的过程中感到安全、方便和舒适，从而极大提升产品的接受度和用户满意度。

四、适应性设计

适应性设计主要体现在以下几个方面。

1. 可定制性　为用户提供可以根据个人需求定制的产品选项,包括可更换的组件、可调节的设置或模块化的构建,让用户能够根据自己的具体偏好来调整产品的功能和外观。例如,设计可调节的座椅高度和倾斜度,或者可根据用户视力变化调整显示屏的字体大小和颜色。

2. 可调节性　除了可定制外,产品还应易于调节以适应用户的需求变化,确保用户在没有专业技术支持的情况下,也能简单地调整产品功能或性能。例如,设计一个有多级阻力设置的康复器材,可以随着用户的康复进程不断调整训练计划。

3. 升级和调整的便利性　随着时间的推移和技术的进步,用户的需求可能发生变化,产品也可能需要更新以适应新的标准或功能。因此,设计时应考虑到产品的未来升级路径,使产品能够容易地升级或调整,延长其使用寿命并减少用户更换频率。例如,软件驱动的设备应允许远程更新和添加新功能。

通过实施适应性设计,康养照护类适老化产品能够提供更个性化、更灵活的解决方案,满足老年用户的需求,并能够随着用户需求的变化而持续适应。这不仅增强了产品的吸引力和市场竞争力,也提高了用户的满意度和忠诚度,是实现长期成功的关键策略。

五、技术整合与创新

在康养照护类适老化产品的设计与开发策略中,技术整合与创新是提升产品的功能性和智能性、满足老年用户需求的关键。随着物联网、人工智能、传感技术等先进科技的发展,产品能够提供更精准的健康监测、更便捷的操作体验和更个性化的服务。例如,智能手表可以实时监测心率、血压等健康指标,并通过数据分析提供健康建议;自动化家居系统可以根据用户习惯调节室内温度、照明等,提高生活便利性。

技术整合与创新的同时也带来了挑战,尤其是对于老年用户来说,产品过于复杂可能会导致使用困难。因此,在设计适老化产品时,需要确保技术的整合既能带来功能上的提升,又不会增加用户的认知和操作负担。这要求设计者在创新的同时,还要注重产品的易用性和直观性,确保老年用户能够轻松理解和使用新技术。例如,可以通过简化的用户界面、直观的指示标识和步骤引导等设计,使用户更容易掌握产品的使用方法。此外,还可以提供详尽的用户指南、视频教程或客户服务支持,使用户在使用过程中遇到问题时能够及时得到帮助。

通过将最新技术与用户友好的设计相结合,康养照护类适老化产品不仅能够提供高效、智能的服务,还能优化老年用户的使用体验和提升满意度。这种技术整合与创新的策略是实现产品市场竞争力和长期成功的关键。

六、迭代开发与用户测试

在康养照护类适老化产品的设计与开发策略中,迭代开发与用户测试是确保产品能够精准满足老年用户需求的关键步骤。这种策略强调在产品开发的每一个阶段,都应该进行实际的用户测试,通过收集用户的实际使用反馈来不断调整和优化产品设计。

迭代开发是一个循环往复的过程,涉及设计、测试、反馈收集和改进等步骤。在这个过程中,产品设计师会先根据初步的用户研究和需求分析制作出原型或初步版本,然后将其提供给老年用户进行实际测试。在测试过程中,开发团队会观察用户是如何使用产品的,收集他们对产品功能、操作便捷性、舒适度等方面的直接反馈,包括他们喜欢的特点和遇到的问题等。

根据收集到的反馈,开发团队会对产品进行必要的调整和改进,可能涉及修改产品的功能、界面设计、操作流程或其他方面,然后,团队会再次进行用户测试,评估这些调整是否有效地解决了用户的问题和需求。这个迭代过程会一直持续,直到产品达到高满意度和高性能标准。

用户测试不仅限于产品的早期设计阶段,即使在产品发布后,也需要持续进行用户反馈的收集和产品的迭代更新。随着用户需求的变化和技术的发展,持续的迭代开发和用户测试可以确保产品始终保持竞争力,满足老年用户的最新需求。

通过采用迭代开发与用户测试的策略,康养照护类适老化产品能够更精确地满足老年用户的需求,提升用户满意度,从而在市场中取得成功。这种以用户为中心的开发方法是提高产品质量和市场反应速度的关键。

七、跨学科团队合作

在康养照护类适老化产品的设计与开发中,跨学科团队合作是至关重要的。由于这类产品需要综合考虑老年用户的生理、心理、社会和医疗等多方面的需求,因此涉及的知识和技能范围极广,单一专业的团队往往难以全面应对。通过组建一个包含设计师、工程师、医疗专家、心理学家和老年学专家等多学科背景成员的团队,可以从不同角度出发,确保产品设计的全面性和深入性。

设计师和工程师负责产品的外观设计和功能实现,他们通常是产品创新的主导者,负责将创意转化为实际的产品。医疗专家提供关于老年人健康状况和医疗需求的专业知识,确保产品的医疗安全性和有效性。心理学家了解老年人的心理变化和行为习惯,可以帮助团队设计更符合老年人心理需求的产品。老年学专家则对老年人的整体生活状况有深入的了解,能够提供关于老年人生活环境、社交需求和日常挑战的宝贵信息。

通过跨学科团队的密切合作,各领域专家可以共享知识,相互启发,共同解决设计和开发过程中的挑战。这种合作不仅能够提升产品设计的创新性和科学性,还能确保产品更全面地满足老年用户的需求,提高产品的市场竞争力。同时,团队成员之间的交流和合作也有助于缩短产品开发周期,提高开发效率。

总之,跨学科团队合作是康养照护类适老化产品设计与开发的重要策略。通过集合不同领域的专业知识和技能,品牌可以开发出更全面、更创新、更符合老年用户需求的产品,为老年人提供更优质的康养照护服务。

通过实施这些策略,品牌和开发者可以设计和开发出既安全又有效、既智能又易用的康养照护类适老化产品,真正满足老年用户的需求,提升他们的生活质量和独立性。

第三节 产品应用及反馈评价

产品应用及
反馈评价

康养照护类适老化产品的设计与开发是一个涉及深入研究、创新实施和持续改进的复杂过程。产品的应用及反馈评价是这一过程中不可或缺的环节,它们将直接影响产品的持续优化和市场成功。以下是产品应用及反馈评价的关键方面。

一、产品应用

康养照护类适老化产品在应用时需要紧密结合老年用户的实际生活场景和需求进行更新设计和优化。这类产品通常包括健康监测设备、日常生活辅助工具、康复设备等,旨在提升老年用户的生活质量,增强其独立性和安全感。

首先,健康监测设备通过实时跟踪老年用户的生理指标,如心率、血压、血糖等,帮助用户及时了解自己的健康状况,并在必要时提供预警信息。这类设备往往需要与智能手机或其他数字平台配合使用,以便更好地记录和分析数据,同时也方便家属或医疗服务提供者进行远程监控。

日常生活辅助工具如自动药盒、智能家居控制系统等,能够帮助老年用户更轻松地完成日常任务,减少生活中的不便和危险。这些工具通常注重易用性和安全性,通过简化的操作流程和友好的用户界面,确保老年用户即使在认知能力或运动能力有所下降的情况下也能顺利使用。

康复设备则专门针对那些经历过疾病或手术,需要进行身体康复的老年用户设计,包括各种康复运动器材、治疗仪器等。通过专业的设计和功能,帮助用户有效地恢复身体功能,提高生活自理能力。

在产品应用过程中,收集和分析用户的反馈是至关重要的。这不仅可以帮助品牌了解产品在实际使用中的表现,识别潜在的问题和改进空间,还可以作为未来产品开发和优化的重要依据。通过与用户保持持续的沟通和反馈循环,品牌可以不断提升产品的质量和服务,满足老年用户的实际需求,提高市场竞争力。总之,康养照护类适老化产品的成功应用需要品牌深入理解老年用户的需求,不断优化产品设计,同时积极收集和响应用户反馈,实现产品和服务的持续改进。

二、用户培训与支持

在康养照护类适老化产品的应用及反馈评价中,用户培训与支持是确保产品有效使用和持续改进的关键环节。鉴于老年用户可能对新技术不太熟悉或存在一定的使用顾虑,提供全面的培训和持续的支持服务是至关重要的。

用户培训应涵盖产品的基本操作、功能介绍、常见问题处理等内容,旨在帮助老年用户快速掌握产品的使用方法,减少使用中的困惑和错误。培训可以通过多种形式进行,如面对面的培训课程、操作手册、在线视频教程等,以适应不同用户的学习习惯和偏好。对于一些复杂的产品,还可以提供一对一的辅导服务,确保每位用户都能得到充分的指导和帮助。

除了初步的培训之外,持续的用户支持也非常重要,包括设立客户服务热线、在线咨询平台、定期回访等,为用户提供及时的技术支持和服务。通过这些支持渠道,用户可以在遇到问题时得到快速的帮助,同时品牌也可以收集用户的反馈和建议,用于产品的持续改进和优化。

通过提供全面的用户培训和持续的支持服务,康养照护类适老化产品可以更好地满足老年用户的需求,提高用户的使用满意度和忠诚度。这不仅有助于提升产品的市场表现,还能为品牌积累宝贵的用户经验和改进意见,推动产品和服务的持续发展和创新。

三、反馈收集与评价

康养照护类适老化产品的应用反馈收集与评价是不断优化产品、提升用户满意度的重要环节。一个有效的反馈机制能够帮助品牌及时了解产品在实际使用中的表现,收集用户的意见和建议,并据此做出必要的调整和改进。

建立多渠道的反馈收集系统是至关重要的。这可以包括在线调查问卷、用户访谈、社交媒体监测、客户服务记录等多种方式。通过这些渠道,品牌可以从不同角度和层面了解用户的反馈,包括他们对产品功能、操作便捷性、设计美观性等方面的满意度,以及在使用过程中遇到的问题和困难。

对收集到的反馈进行系统化的整理和分析是非常必要的。这不仅包括对定量数据的统计分析,也包括对定性反馈的内容进行分析。通过这些分析,品牌可以识别产品的优势和不足,发现用户需求的变化趋势,了解潜在的市场机会和风险。

基于反馈的评价结果,品牌需要制定相应的改进措施,并将这些措施落实到产品设计和市场策略中。这可能包括对产品功能的升级、界面的优化、服务流程的调整等。同时,品牌还应定期向用户通报改进进展和结果,增强用户的信任感和参与感。

　　通过建立有效的反馈收集与评价机制,康养照护类适老化产品可以不断地适应用户的需求和市场的变化,实现持续的改进和优化。这不仅有助于提升产品的竞争力和市场表现,还能够增强用户的满意度和忠诚度,为品牌带来长期的成功和发展。

四、质量监控与改进

　　在康养照护类适老化产品的应用及反馈评价中,质量监控与改进是确保产品持续满足高标准要求的关键环节。通过建立严格的质量监控体系和持续改进机制,品牌能够保证产品的质量稳定性,及时发现并解决问题,不断提升产品的性能和用户满意度。

　　建立全面的质量监控体系是基础。从原材料的选择、生产过程、成品检验到用户使用反馈的全过程,品牌需要确保每个环节都符合相关的质量标准和法规要求,对可能影响产品质量的因素进行严格的监控和管理。此外,定期的产品测试和评估也是必不可少的,包括性能测试、安全测试、耐用性测试等,以确保产品能够长期稳定地满足用户的使用需求。

　　及时有效地收集和处理用户反馈是质量改进的关键,而用户在实际使用中的反馈则是评价产品质量的重要依据。品牌需要建立快速反应的用户反馈机制,及时收集用户对产品的意见和建议,特别是对于产品存在的问题和不足之处。通过对这些反馈的分析和评估,品牌可以识别质量问题产生的原因,制定针对性的改进措施,并迅速实施。

　　持续的质量改进是确保产品竞争力的必然要求。市场环境和用户需求在不断变化,产品的质量标准和用户期望也在不断提升。因此,企业需要建立持续改进的品牌文化和机制,鼓励创新和改进,不断寻求提升产品质量的机会。这可能包括引入新技术、优化设计、改善生产流程等多种方式。同时,品牌还需要定期对质量改进的效果进行评估,确保改进措施能够实际提升产品的性能和用户满意度。

　　通过建立严格的质量监控体系和持续改进机制,康养照护类适老化产品能够更好地满足老年用户的需求,提升市场竞争力,并赢得用户的信任和支持。这对于品牌的长期成功和发展至关重要。

知识链接

适老化产品设计

　　英国伦敦布鲁奈尔大学设计学院院长、教授董华在以"健康老龄化与包容性设计:从宏观到微观"为主题作报告时介绍,英国近年来对健康老龄化研究持续不断,并得到跨学科的资助。她重点围绕展示可信度、支持老年人的蓬勃发展、促进公平等方面,回顾了英国在老龄化研究上的长足发展。

　　开展适老化改造、建设老年友好城市，做好设计是关键一环。当下，国内很多地方开展了无障碍环境建设。"老年友好城市和社区可以让人们在合适的地方养老，继续发展自身，被包容，继续为社区做出贡献，享受独立性和良好健康。"董华以英国某个博物馆门口的斜坡为例，解释了包容性设计与无障碍设计的不同。"包容性设计要让设计的主流产品和服务为尽可能多的人方便使用，而无需特殊改进。包容性设计的斜坡没有专门的标志，没有栏杆，在建筑的主入口处，与建筑无缝衔接，既可达又美观。无障碍斜坡则一般在建筑侧面，是提供给特殊人群的特殊设计。"

第四节　设计案例解析

设计案例解析

一、设计案例：智能健康监测手表

（一）背景

　　随着社会老龄化的不断加剧，老年人群对于健康监测和生活辅助的需求日益迫切。智能手表因其便携、实用的特点，成为解决这一需求的理想选择。随着科技的不断进步，智能手表已经发展为一种多功能的健康管理工具，能够实时监测用户的健康指标并提供个性化的健康建议。

（二）用户需求分析

　　老年用户希望拥有一款易于操作、功能丰富的智能手表，能够持续监测关键的健康指标，如心率、血压、睡眠质量等。同时，他们还希望手表能够提醒他们按时服药、进行适量运动，甚至在紧急情况下能够及时呼叫求助，以保障自身安全。这些需求反映了老年用户对健康管理和生活质量的关注，也体现了他们对于智能科技的期待。

（三）设计理念

　　基于用户需求分析，设计了一款集健康监测、日常提醒和紧急求助于一体的智能手表。手表应该具备简洁易懂的界面，以满足老年用户对于操作简便、易读性高的需求；同时还应该具备高度的可靠性和稳定性，确保在紧急情况下能够及时响应用户的求助需求。综合考虑老年用户的生活习惯和健康状况，设计出一款贴近用户需求、易于使用的智能健康监测手表，旨在提升老年用户的生活质量和健康管理水平。

（四）主要功能

　　1.健康监测功能　　健康监测功能是智能健康监测手表的核心功能之一。通过内置传感器，手表能够实时监测用户的心率、血压等关键生理指标。这些数据将以直观的图表和趋势线的形式展示在手表屏幕上,同时也可以通过应用同步到用户的手机上。这样,老年用户和他们的家人就可以随时随地了解用户的健康状况,并及时采取相应的措施。

2.生活提醒功能　　生活提醒功能旨在帮助用户规律生活、养成健康的生活习惯。用户可以根据个人需求和习惯,在手表上设置自定义提醒,包括服药提醒、运动提醒、预约提醒等。当到达设定的提醒时间时,手表将通过振动和提示音的方式提醒用户,确保用户不会忘记重要的生活事件,从而保持健康的生活规律。

3.紧急求助功能　　紧急求助功能是智能健康监测手表的安全保障功能。在紧急情况下,用户可以通过手表上的一键求助功能,快速向预设的紧急联系人发送求助信息。除了求助信息外,手表还会同时发送用户当前的位置信息和健康状态数据,确保能得到及时有效的响应。这一功能为老年用户提供了额外的安全保障,让他们和家人更加安心。

(五)设计特点

直观界面的设计是为了确保老年用户能够轻松阅读和操作手表。采用大字体和高对比度的显示界面,使用户无需费力就能清晰地看到屏幕上的信息。同时,简化的菜单和图标设计,让操作更加直观和易于理解,避免了老年用户在使用过程中出现困惑和不适。

物理按钮的设置考虑到了老年用户可能存在的触屏操作困难问题。通过设计物理按钮,用户可以更方便地进行功能选择和紧急求助操作,而不受手部灵活性或触摸屏灵敏度的限制,提高了手表的可用性和便捷性。

调节式表带的采用保证了手表的舒适性和适用性。采用软质材料和可调节设计,不仅能够适应各种手腕大小的用户,还能确保用户在长时间佩戴时感觉舒适,减少不必要的压迫感和不适感。

长电池寿命是智能手表设计时的重要考量之一。通过优化电池的使用方式和采用节能策略,确保手表能够长时间工作,减少充电的频率,为老年用户提供更便捷的使用体验,避免因频繁充电而影响日常生活。

产品的设计与开发阶段测试的重要性在于确保产品的质量和稳定性。通过多轮原型设计和用户测试,产品能够不断地根据老年用户的反馈进行优化,确保最终的设计能够满足用户的实际需求。测试过程中重点关注手表的准确性、稳定性和易用性,以确保产品的可靠性和良好的用户体验。

市场反馈是评估产品成功的重要指标之一。产品推向市场后,凭借其贴心的功能和易用的设计受到了老年用户的欢迎,为他们提供了更好的管理健康和日常生活的途径。品牌通过持续的用户反馈循环,不断升级和改进产品,以确保产品能够与时俱进,满足老年用户不断变化的需求和期待。

通过这个设计案例,我们可以看到,康养照护类适老化产品的开发是一个以用户需求为中心,综合考虑功能性、安全性和易用性的设计过程。通过深入的用户研究、创新的设计理念和持续的产品优化,可以有效地解决老年用户的具体问题,提升他们的健康和生活质量。

二、设计案例:智能语音家居系统

(一)背景

随着老龄化社会的发展,老年人对能够在熟悉的家中保持独立生活的需求日益增长。然而,随着年龄的增长,他们可能面临行动不便、记忆力减退或者安全难以保障等生活困难问题。在这样的背景下,智能家居系统应运而生,它采用了自动化和远程控制技术,旨在提供更加方便、舒适和安全的居家生活体验,以满足老年用户的特殊需求。

(二)用户需求分析

老年用户对于智能家居系统有着特定的需求和期望。首先,他们需要一个易于操作的系统,能够帮助他们控制家中的各种设备和环境,例如灯光、温度、安全系统等。考虑到老年用户可能存在视力下降或运动能力减弱的问题,一个以语音为主要交互方式的系统会更容易被接受和操作。此外,老年用户也希望智能家居系统能够提供实时的安全监控和紧急求助功能,以确保他们的居家安全。

(三)设计理念

设计一个集成的智能家居系统,以满足老年用户的需求和期望。该系统应包括一个中央的控制单元,负责整合和管理各种家用设备,同时还应该配备与之相连的各种智能设备,如智能灯具、智能恒温器、智能安全摄像头等,以实现对家庭环境的智能化控制和监控。在设计理念上,应注重系统的易用性和可操作性,采用语音识别和语音交互技术,让老年用户可以通过简单的语音命令来控制家中的各项功能,从而实现智能家居系统的普及。

(四)主要功能

1.语音控制 智能家居系统通过语音识别技术,使用户能够轻松地通过简单的语音命令来控制家中的各种设备和功能。例如,用户可以通过说出指令来打开或关闭灯光、调节室内温度、播放音乐、查询天气等。这种直观且便捷的操作方式大大降低了老年用户使用智能家居系统的门槛,使其更加易于接受和使用。

2.日程提醒与安全监测 智能家居系统具备日程提醒功能,可以设定提醒用户重要的日常活动和任务,如服药时间、医疗预约、家庭聚会等,帮助老年用户保持生活的规律性和组织性。同时,系统还配备安全监测功能,通过安装在家中的摄像头、门窗传感器等设备,实时监测家中的环境,及时发现异常情况并提醒用户或紧急联系人,确保老年用户的安全。

3.健康监测 智能家居系统可以与可穿戴的健康监测设备(如智能手环、智能手表等)进行连接,实时跟踪用户的健康状况,包括心率、血压、睡眠质量等指标。系统可以根据监测数据分析用户的健康状态,当监测到异常情况,如心率异常或睡眠质量下降时,系统会及时提醒用户或自动呼叫紧急服务,以便及时采取相应的措施,保障老年用户的健康与安全。

(五)设计特点

1.易用性　在智能家居系统的设计中,易用性是至关重要的一环。为了让老年用户能够轻松上手并享受到智能科技带来的便利,界面设计需要注重简洁性和直观性。采用大字体和高对比度的显示界面,简化操作步骤和菜单结构,避免过多复杂的设置和配置选项。通过直观的图标和语言提示,让用户能够快速了解并掌握系统的使用方法,从而提高系统的可操作性和用户满意度。

2.适应性　随着年龄增长,老年用户的语音特征可能会发生变化,这可能会影响到系统的语音识别效果。为了解决这一问题,智能家居系统应具备一定的适应性,能够根据用户的语音特征进行智能调整。通过采用先进的语音识别技术和智能学习算法,系统可以不断学习和优化,识别并适应用户的语音习惯和发音特点,从而提高语音识别的准确性和可靠性,让用户能够更顺畅地进行语音控制操作。

3.兼容性　智能家居系统的兼容性对于系统的可扩展性和提升用户体验至关重要。为了让用户能够自由选择和组合各种智能设备,系统应设计为开放式,并具备良好的兼容性。系统应支持与市场上常见的智能家居设备进行连接和通信,包括灯光、电器、安防设备等,使用户可以根据自己的需求随时添加、移除或替换设备。这种灵活的兼容性设计,不仅提升了系统的可扩展性和灵活性,也为用户提供了更多选择和个性化定制的可能。

(六)开发与测试

在开发过程中,系统经过了严格的用户测试,特别是在语音识别的准确性和响应速度方面。开发团队与老年用户群体密切合作,确保系统能够满足他们的实际需求和操作习惯。

(七)市场反馈

一经推向市场,这款智能语音家居系统迅速赢得了老年用户的广泛认可和欢迎,其卓越的功能性和出色的用户体验成为赞赏的焦点。用户们纷纷表示,这款智能系统为他们的日常生活带来了极大的便利,使他们能够更加轻松地掌控家庭环境和掌握自身健康状况。

用户们对系统提供的安全保障也给予了高度评价。系统内置的安全监测功能和紧急求助功能让老年用户感到更加安心和放心,即使在紧急情况下也能及时获得帮助,保障了他们的生命安全。

不仅如此,这款智能语音家居系统的推出还赋予了老年用户更多的自主性和独立性。他们能够通过简单的语音命令实现家居设备的控制和管理,不再受制于他人的帮助或外界的限制,从而享受到了更加自由和便捷的生活。

这款智能语音家居系统以其卓越的性能和贴心的设计,深受老年用户的喜爱和信赖,为他们的生活注入了新的活力。随着市场反馈的不断积累和用户口碑的传播,这款智能系统势必会在老年市场上拥有更加广阔的发展前景。

以上案例展示了如何通过深入了解老年用户的特定需求,结合先进的技术,开发出既实用又友好的适老化产品。智能语音家居系统通过其创新的设计和功能,可以有效提高老年人的生活便利性和安全性,是康养照护类适老化产品设计与开发的一个典型例子。

三、设计案例:智能康复步行辅助器

(一)背景

随着社会老龄化趋势的不断加剧,老年人群体面临的行动不便问题和康复需求日益突出。在这一背景下,智能康复步行辅助器成为了解决老年人行走障碍问题的创新产品。这款辅助器旨在为老年用户提供轻便、易用的行走辅助工具,并通过智能化技术实现个性化的康复方案,以帮助他们重获行走能力并提升生活质量。

(二)用户需求分析

通过深入了解老年用户的需求,发现他们对行走辅助器有着明确的期待。首先,他们需要一款轻便易携的产品,便于在日常生活中使用,同时也方便携带外出。其次,老年人希望这款辅助器能够智能调节,根据个体的步态和行走需求进行精准的调整,从而提供最合适的支持。同时,安全性也是老年用户非常关注的问题,他们希望辅助器能够确保在行走过程中的稳定性,避免意外摔倒或受伤。

(三)设计理念

基于以上用户需求分析确定了设计理念,即开发一款集轻便易携和智能化调节于一体的智能康复步行辅助器。通过结合先进的科技手段,为老年用户提供个性化的康复方案,实现他们逐步恢复行走能力的目标,并通过实时监测和反馈机制,确保产品的安全性和有效性。

(四)主要功能

1.智能步态识别 智能步态识别是智能康复步行辅助器的核心功能之一。通过内置高精度传感器,该辅助器能够实时监测用户的步态特征,包括步伐频率、步态稳定性等,从而能够自动调整辅助器的高度和稳定性,以确保与用户的步伐保持同步。这种智能化的步态识别技术能够为老年用户提供个性化的支持,有效降低了摔倒和受伤的风险,同时也提升了行走的舒适度和稳定性。

2.智能导航 智能导航功能是智能康复步行辅助器的另一重要特色。配备了先进的导航系统,该辅助器可以为用户提供路线规划和行走指引,帮助他们安全地行走到目

的地。无论是在室内还是室外,用户都可以依靠这个功能来找到最安全、最便捷的行走路径,极大地提高了他们的行走自由度和独立性。

3.健康监测　该智能康复步行辅助器还集成了健康监测功能。通过监测用户的心率、步数、运动时间等关键数据,生成相应的健康报告,使用户可以及时了解自己的运动情况和健康状况。这种健康监测功能不仅有助于用户监控康复进展,还能为医疗人员提供重要的数据支持,为康复过程提供科学依据。

4.语音交互　为了提高用户的操作便利性和体验,该智能康复步行辅助器配备了语音交互功能。用户可以通过简单的语音指令来实现对辅助器功能的调节,如语音指示"提高座椅高度"或"调整行走速度"等。这种语音交互方式能够帮助老年用户摆脱复杂的操作步骤,轻松地使用辅助器,提升了产品的易用性和智能化水平。

5.紧急求助　为了应对紧急情况,该智能康复步行辅助器还设计了紧急求助按钮。当用户遇到意外情况时,只需按下按钮,辅助器便会立即发送求助信号,并将用户的位置信息发送给预先设置的紧急联系人,以便他们及时提供帮助。这种紧急求助功能为老年用户提供了额外的安全保障,让他们在行走过程中更加安心和放心。

(五)设计特点

1.轻便易携　轻便易携是智能康复步行辅助器设计的重要特点之一。采用轻量化材料,如铝合金等,可使辅助器具有较轻的重量和紧凑的尺寸,方便老年用户轻松携带和操作,适合他们在家庭和社区中的日常使用。这种轻便易携的设计使得老年用户无需依赖他人的帮助,更加独立和自主地进行日常行走和康复训练。

2.智能调节　智能调节是该辅助器的另一个设计特点。利用先进的智能技术,辅助器能够根据用户的步态和行走需求进行自动调节,提供个性化的行走支持和康复方案。通过智能步态识别和自适应调节功能,辅助器能够实时监测用户的行走状态,并自动调整辅助器的高度和稳定性,以确保与用户的步伐同步,提升行走的舒适性和安全性。

3.人性化设计　智能康复步行辅助器采用了人性化设计,考虑到了老年用户的特殊需求和舒适性。例如,辅助器配备了防滑手柄,以提供良好的握持感和稳定性,同时还配备了舒适的座椅,让用户在行走过程中可以随时休息。这种人性化设计使得老年用户能够享受到舒适的行走体验,减轻行走时的不适感,提升了产品的实用性和用户满意度。

4.可持续电源　可持续电源是智能康复步行辅助器设计的重要考虑因素之一。采用高效节能电池,辅助器能够保证长时间使用,减少充电频率,提升用户的使用便利性和体验。这种可持续电源设计不仅延长了辅助器的使用时间,也减少了用户的充电负担,为老年用户提供了更加便捷和可靠的行走支持。

(六)市场反馈

推向市场后,智能康复步行辅助器受到了老年用户和康复专家的广泛认可。用户对其智能化功能和便携性给予了高度评价,认为它在康复过程中起到了积极作用。康复专家也指出,该产品为老年人行走能力的康复提供了创新的解决方案,并对其未来发展前景表示乐观。

案例分析

适老化电压力锅

　　适老化电压力锅采用全机械交互、单一大屏菜单设计,为视力不好或者听力衰退的老人提供了很大的便利。该产品具有煮米饭、煮粥、煲汤、炖肉四个功能,方便简洁的同时又能满足基本需求。电压力锅将常规锅内胆容量的最小限度进一步减小,改善了老人因食量小而无法正常烹饪的窘境,容量的减少也能够避免老人因担心浪费而长期食用旧饭、旧菜,从而威胁健康。按键过小或者触屏化的方式对于视力和触觉不灵敏的老人来说并不适用,所以该设计采用了传统按压式按键,复现以往做饭的仪式感,让老人对煮饭这一动作具有更高的触觉敏感度。同时,此电压力锅煮米饭时具有软、中、硬三挡机械可调,省去了每次开机需要重置的问题。

【分析】

1. 电压力锅的机械交互设计是否考虑到老年人可能存在的手部力量和灵活性不足的问题?是否有进一步的人体工程学设计来确保他们能够轻松操作?
2. 电压力锅的几种功能是否有考虑到老年人日常饮食的多样性和特殊需求?是否有进一步的定制功能或者可调节选项以满足不同的饮食偏好和医疗要求?
3. 电压力锅内胆的减小是否影响了其烹饪效果?如何确保即使减小了容量也能够保证烹饪效果和食物的质量?
4. 虽然采用了传统按压式按键,但是否有考虑到按键的大小和布局,以确保老年人能够轻松识别和操作?是否有针对视力不好或触觉不敏感老年人的特殊设计?
5. 电压力锅的软、中、硬三挡机械可调功能是否通过实际测试来确保老年人能够轻松理解和操作?是否有提供简单明了的指示来帮助老年人选择合适的烹饪模式?

复习思考题

1. 康养照护类适老化产品考虑了哪些老年人的特殊健康需求?
2. 产品要易于老年人使用,需要考虑到哪些因素?
3. 根据所学内容罗列老年人的心理健康和社交需求。

参考文献

[1] 白学军,于晋,覃丽珠,等.认知老化与老年产品的交互界面设计[J].包装工程,
    2020,41(10):7-12.

[2] 窦金花,齐若璇.基于情境分析的适老化智能家居产品语音用户界面设计策略研
    究[J].包装工程,2021,42(16):202-210.

[3] 阚伶宜.基于通用设计理论的居家养老室内空间设计研究[D].武汉:武汉工程大
    学,2019.

[4] 刘斐.基于系统设计思维的老年产品设计方法研究[J].包装工程,2015,36(20):
    88-91.

[5] 刘奕,李晓娜.数字时代老年数字鸿沟何以跨越?[J].东南学术,2022(5):105-115.

[6] 唐艺.人口老龄化视域下的老人身心需求研究与建议:基于ERG理论模型分析[J].
    南京艺术学院学报(美术与设计版),2020(3):157-164.

[7] 王烈娟.交互设计背景下老年产品设计研究[J].包装工程,2021,42(4):323-326.

[8] 吴萍,彭亚丽.适老化创新设计[M].北京:化学工业出版社,2021.

[9] 杨菊华,刘轶锋,王苏苏.人口老龄化的经济社会后果:基于多层面与多维度视角的
    分析[J].中国农业大学学报(社会科学版),2020,37(1):48-65.

[10] 原新,金牛.中国老龄社会:形态演变、问题特征与治理建构[J].中国特色社会主义
    研究,2020(5):81-87.

[11] 赵寅.居家养老产品设计研究[J].大众文艺,2018(6):46-47.

[12] 周静.老年人产品设计开发原则的研究[J].包装工程,2008,29(7):145-147.

[13] 周明,李亚军.面向中国特色养老服务的产品交互适老化设计研究[J].艺术百家,
    2017,33(1):233-234.

(陈斗斗)

第六章

健康管理类适老化产品的设计与开发

学习目标

- **知识目标**

  1.阐述老年人健康管理的核心概念和基本原则，了解老年人的生理、心理及行为特点。

  2.分析现有健康管理类产品的设计理念和功能特点，说出其优缺点及适老化程度。

- **能力目标**

  1.独立进行老年人健康管理需求的调研和分析，提取关键信息并转化为产品设计要求。

  2.依据产品设计的原则，运用合适的方法，设计出符合老年人特点和需求的健康管理类产品原型。

- **素质目标**

  培养对老年人的尊重和关爱意识，关注老年人的生活质量和健康状况。

第一节　健康管理与老年人群

一、老龄化与健康管理

健康管理与
老年人群

老年人的健康状况在很大程度上决定了其获得的人力与社会资源以及机遇的情况。如果老年人在身体健康的状态中延长寿命，他们的能力将不再受到过多限制；相反，若寿命的延长始终伴随着脑力与体力的严重衰退，则对于老年人自身以及社会均会产生更多负面的影响。世界卫生组织提出积极老龄化的概念，建议老年人应维持独立与自主，保持良好的社会参与状态，这将有利于他们提高生活质量。健康老年人可以从多个层面进行评价，包括健康与疾病、躯体与认知功能、精神心理、社会参与度以及自我感受等，其中最重要的测量指标为身体功能，身体功能相对于病理改变而言，更能体现或

者衡量老年人对健康照护的需求程度。

我国将健康老龄化定义为"从生命全过程的角度,自生命早期开始,对所有影响健康的因素进行综合、系统的干预,营造有利于老年健康的社会支持和生活环境,以延长预期健康寿命,维护老年人的健康功能,提高老年人的健康水平。"健康老龄化的核心聚焦于提高老年人的生命质量,缩短带病生存期,延长健康预期寿命。针对这一目标,老年人健康服务与管理受到越来越多行业以及专家的关注,其内涵在于以老年人的健康为中心,对个体或群体的健康状况及相关影响因素进行一系列的检测、评估、指导甚至干预,为其整体健康进行标准化、量化、个性化、智能化、连续性的健康监测和管理。

在这样的背景下,许多家庭健康监测类产品及健康信息管理类产品应运而生。目前这类产品更多倾向于针对某一特定的健康问题,在功能上是专业医疗产品的精简版,产品种类也较为单一。随着经济与科技的进步,老年人的思维方式也发生相应转变,开始追求健康的生活方式,对健康管理类产品的功能与实用性提出了更高的要求。在医养结合背景下,面向老年人群的健康管理类终端产品设计逐渐人性化、智能化是必然结果,也是行业发展的趋势。产品的功能需求提高以及老年市场的扩大,也将促进企业进一步完善开发功能,设计更为合理、贴合老年人群需求的健康管理类产品。

二、老年人群健康特点

衰老属于自然生命现象,进入老年期后,随着年龄的增长,人体组织器官的组成成分会发生变化,器官系统的功能状态也随之下降。这种现象是缓慢、长期的发展,而不是偶然、突发的。在循环系统方面,随着年龄的增加,心脏顺应性降低,心肌收缩力下降,导致老年人发生心力衰竭的概率大大增加。在呼吸系统方面,老年人群气道的整体防御能力明显下降,其肺部结构相关功能减弱,容易导致呼吸系统感染且不易控制。老年人群在骨骼肌肉系统方面的功能衰退表现得更为明显,骨密度降低、骨质量减轻、关节以及肌肉组织周围结构的负性变化均导致其躯体功能的衰退。除以上相关系统以外,衰老对于人体功能的影响还存在于多个方面,包括消化系统、内分泌系统等等,其中听力、视力下降是导致老年人生活幸福指数下降的两大重要因素。

随着中枢与周围神经系统功能的退化,老年人的心理也会发生一系列改变,其认知功能逐渐减弱,出现如记忆减退、情感脆弱、抑制能力降低等现象,部分老年人还容易出现焦虑、抑郁的情绪,对待新事物不愿认识与接纳,表现出固执、敏感的状态。

在老年期的生理变化中,感知觉的变化较为明显,视觉、听觉、味觉、嗅觉和皮肤感觉等出现退行性变化,常表现为感觉减退、反应钝化和动作迟缓。随着人体机能结构与功能的衰退,老年人的记忆能力也会显著衰退,然而也有研究发现其智力与认知还具有较大的可塑性,因此坚持用脑也有利于在老年期保持较好的智力和认知水平。

三、老年人群调研定位

老年人群调研定位主要涉及对老年人群体的深入理解和分析,以便为他们提供更符合需求的产品和服务。

老年人群调研定位的具体内容如下。①调研目的。明确调研的目的,如了解老年人的生活状况、消费习惯、健康状况、兴趣爱好等,以便为他们提供更合适的产品和服务。②调研范围。确定调研的地理范围和目标人群,是特定城市还是全国范围内的老年人,以及他们的年龄、性别、职业、收入等分布情况。③调研方法。选择合适的调研方法,如问卷调查、访谈、观察等,以收集老年人群体的信息。在设计问卷或访谈问题时,要确保问题易于理解且符合老年人的认知特点。④调研内容。根据调研目的和范围,确定具体的调研内容,如老年人的生活满意度、健康状况、消费习惯、兴趣爱好等。要关注老年人的需求和痛点,以便为他们提供更好的解决方案。⑤数据分析。对收集到的数据进行整理和分析,以了解老年人群体的整体特征和需求。通过数据分析,可以发现老年人群体的共性和差异性,为产品和服务的设计提供依据。⑥调研结果应用。将调研结果应用于产品或服务的设计和改进中,以满足老年人的需求。根据老年人的消费习惯和兴趣爱好,设计更符合他们需求的产品或服务。

老年人群调研定位需要全面考虑老年人的生活状况、需求、消费习惯等方面,以便为他们提供更符合需求的产品和服务。要注重数据的收集和分析,以便更好地了解老年人群体的特征和需求。

四、适老化产品设计调研

设计调研就是进行调查与研究,目的在于指导设计活动的开展。针对老年人群,更应注意他们想要什么,从而通过设计满足他们的需求。健康管理类产品在设计时,多集中于满足老年人群的生理需求及安全需求。根据这一目标,产品设计调研多从三个层面开展:①战略调查,从战略层面制定企业发展战略与设计规划;②战局调查,在设计管理层开展,协助制订产品发展计划以及设计任务;③战术调查,以设计团队开展,从设计目标、设计概念、技术结构、技术基准、用户定位、产品外形以及设计任务等方面着手。常用的设计调研方法包括问卷调查法、访谈法、亲身体验法、观察调研法、文献资料查阅法、实验法等。在适老化产品设计调研中,前四种应用较多。

在健康管理类产品设计中,重点多聚焦于实际的养老健康管理场景。例如,以初老人群慢性病管理中最为常见的血糖管理为具体范畴,围绕相关的血糖管理产品的应用实践,在场景实践中发现与挖掘用户的痛点、显性需求与隐性需求,提炼分析影响因素并进行设计。从用户和产品两个维度着手,用户维度的调研主要通过用户研究方法,从用户的生理层面、心理层面出发,了解现有的各种健康管理经验知识及健康管理措施等;产品维度的调研可通过场景研究的方法,基于现有的健康管理类产品的应用场景信息,了解用户在使用当前产品时的痛点和需求,从而发现潜在的设计机会点。这两方面的调研在内容上并非绝对区分,而需要进行区别与联系。用户维度的信息基础一定程度上决定了产品使用的场景表现,而产品的使用场景信息研究则间接反映了用户的需求。

根据调研内容对调研方法进行选择与判断。针对用户层面的调研,主要采用调查问卷与访谈相结合的方法,问卷形式侧重于收集可量化的、具有统计学意义的用户信息;访谈形式侧重于收集不可量化的、相对主观的用户信息,二者信息的结合分析形成初步的用户画像。针对产品层面的调研,主要采用观察法,通过视频或现场观察等方法记录用户使用产品的全过程信息,包括用户的行为、情绪变化等过程信息,通过现场跟踪观察与后续反复查阅记录文件,将场景中的信息进行梳理与分析。此外针对产品的调研,还可使用亲身体验法,协助了解产品使用的相关信息与感受,帮助后续的改进与设计更新。

五、健康管理适老产品

随着全球人口老龄化趋势日益明显,健康管理类适老化产品的市场需求也在不断增加。这类产品旨在帮助老年人更好地管理他们的健康,提高生活质量,同时也有助于减轻家庭和社会的照护负担。健康管理类适老化产品的设计与开发需要考虑以下几个方面。

1.深入理解用户需求　健康管理类适老化产品的设计与开发需要深入了解老年人的具体需求和挑战,包括身体健康、心理健康、社交需求、生活环境等多个方面。通过访谈、问卷调查和观察等方式,收集老年人的反馈,以确保产品能满足他们的实际需求。

2.整合多种功能　健康管理类适老化产品可以整合多种功能,如健康监测、药物管理、紧急救援等。例如,可以设计一款智能手表,既能监测心率、血压等健康指标,又能提醒用药时间,甚至在紧急情况下能自动联系救援服务。

3.注重易用性和可达性　老年人对新技术和设备的接受程度有限,因此产品的设计需要简单易用。还需要考虑老年人的视觉、听觉和手部运动能力等方面的限制,确保产品易于操作和访问。

4.提供个性化服务　每个老年人的需求都是独特的,因此产品需要提供个性化的服务。可以根据用户的健康状况和生活习惯,提供定制化的健康建议和生活指导。

5.强化数据安全和隐私保护　老年人的个人信息和健康数据需要得到严格的保护。在产品设计和开发过程中,需要采用先进的数据加密和安全防护技术,确保用户数据的安全性和隐私性。

6.持续迭代和优化　随着技术的发展和老年人需求的变化,产品需要持续迭代和优化。可以通过收集用户反馈、进行定期的产品评估和改进等方式实现。

健康管理类适老化产品的设计与开发需要综合考虑老年人的需求、技术的可行性和市场的接受度等多个因素。通过深入研究和持续创新，可以为老年人开发出更加实用、易用和贴心的健康管理产品。

第二节　产品谱系与调研定位

智慧健康养老产品主要包括可穿戴健康检测设备、健康监测设备、家庭医生随访工具包、社区自助式健康检测设备等，见表 6-1。

表 6-1　健康管理类智能产品

大类	小类	描述
健康管理类 智能产品	可穿戴健康 检测设备	具备心率、睡眠、心电、运动量或血氧等单一或多参数检测功能的可穿戴 设备，如智能手环/手表、动态心电记录仪、智能服饰等
	健康监测设备	具备血压、血糖、血氧、体脂、血尿酸、血脂、心率、心电、骨密度等单一或多 参数监测的智能设备，如智能血压计、毫米波雷达设备、睡眠呼吸障碍筛 查设备等
	家庭医生随访 工具包	用于医护人员在基层诊疗随访中使用的集成式或分立式智能健康监测设 备，如便携式健康监测一体机等
	社区自助式 健康检测设备	适用于社区机构、公共场所，集成了多种健康检测功能的设备集合及管理 系统，便于居民开展自助健康指标监测，如健康站等

一、可穿戴健康检测设备

可穿戴健康检测设备具备心率、睡眠、心电、运动量或血氧等单一或多参数检测功能，能帮助老年人更好地管理自己的健康状况。常见的可穿戴健康检测设备有以下几种。

1.智能手环/手表　这类设备通常具备心率、睡眠监测等基本功能。智能手环一般尺寸较小，更适合手腕较细的用户佩戴，而智能手表则通常具备更强大的功能，如心电图检测、血氧监测、体温检测等。智能手表还可以连接蓝牙耳机等设备，支持音乐播放、电话接听等功能，甚至可以当作小型手机来使用。智能手表的娱乐与通讯功能更为丰富，能够更好地满足老年人的多样化需求。

2.动态心电记录仪　这类设备能够长时间记录心电活动，捕捉短暂的心电异常，提高心律失常的检出率，为临床诊断及治疗提供重要依据。它还可以对心律失常进行定性定量分析，确定心律失常的性质、数量、频率及发作时间等，为评估风险程度提供依据。动态心电记录仪还可以用于缺血性心脏病的诊断，记录日常活动状态下的一系列心电变化，提高心肌缺血的检出率。

3.智能服饰　智能服饰是一种集成了各种智能技术和传感器的穿戴设备，能够实时监测人体的心率、呼吸、体温、血压等生理指标。它不仅可以用于健康管理，还可以为老年人提供运动训练建议和指导，监测老年人的生命体征、病情变化等数据，帮助医护人员及时发现问题并进行干预治疗。智能服饰还可以监测环境温度、湿度、气压等信息，并提供相应的安全保护措施。

可穿戴健康检测设备通过先进的技术和智能算法，为老年人提供了更加便捷、高效的健康管理方式。随着技术的不断进步和市场的不断扩大，未来这类产品还将不断创新和完善，为提升老年人的健康状况和生活质量带来更多帮助。

二、健康监测设备

健康监测设备是专为老年人设计的，旨在帮助他们方便、准确地监测自身健康状况。这些设备通常具备血压、血糖、血氧、体脂、血尿酸、血脂、心率、心电、骨密度等单一或多参数监测的功能，可为老年人提供全方位的健康管理。常见的健康监测设备有以下几种。

1.智能血压计　这类血压计采用智能技术，可以自动测量血压和心率，并将数据同步至手机或电脑上，方便老年人随时查看和记录自己的血压状况。一些高端型号还具备语音提示、异常报警等功能，确保老年人能够正确操作并及时了解自己的健康状况。

2.毫米波雷达设备　毫米波雷达技术可以无接触地监测人体的呼吸、心跳等生理参数，对于老年人来说，尤其是那些行动不便或需要长期卧床的人群，这种设备非常实用。通过毫米波雷达设备，医护人员或家人可以远程监测老年人的生理状况，及时发现异常情况并采取相应措施。

3.睡眠呼吸障碍筛查设备　睡眠呼吸障碍是老年人常见的健康问题之一，可能导致睡眠质量下降、白天疲劳等问题。这类筛查设备可以在家中进行睡眠监测，记录呼吸、心率等参数，帮助老年人及时发现并治疗睡眠呼吸障碍。

4.多参数健康监测仪　这类设备能够同时监测多种生理参数，如血糖、血氧、体脂、血尿酸、血脂等，为老年人提供全面的健康管理。通过定期监测这些参数，老年人可以更好地了解自己的身体状况，及时调整饮食和生活习惯，预防疾病的发生。

这些健康监测设备不仅方便了老年人的健康管理，还为他们提供了更多的安全保障。通过定期监测和数据分析，老年人可以及时发现潜在的健康问题，采取相应措施进行干预和治疗。这些设备还可以与医疗机构或健康管理平台进行数据共享，为老年人提供更加个性化和精准的健康管理服务。健康监测设备为老年人提供了便捷、准确的健康管理方式，帮助他们更好地了解自己的身体状况，预防和治疗疾病，提高生活质量。

三、家庭医生随访工具包

家庭医生随访工具包专为基层医护人员的诊疗随访而设计，集成了多种智能健康监测设备,为老年人提供了更加便捷、高效的健康管理服务。家庭医生随访工具包通常包括便携式健康一体机等设备,这些设备能够监测老年人的血压、血糖、血氧、心电等多项生理参数。通过这些设备,医护人员可以在基层诊疗随访中快速、准确地获取老年人的健康数据,进而评估他们的健康状况。

这种随访工具包的优势在于其便携性和集成性。便携式的设计使得医护人员可以轻松地携带这些设备上门为老年人提供服务,无需老年人前往医疗机构。集成式的智能健康监测设备能够一次性完成多项生理参数的监测,提高了随访的效率。

家庭医生随访工具包还具备数据实时传输和存储功能。监测数据可以实时上传到电子病历系统或健康管理平台,方便医护人员随时查看和分析。这不仅有助于医护人员及时了解老年人的健康状况,还能为他们制订个性化的健康管理计划提供数据支持。

家庭医生随访工具包的使用意味着老年人在家中就能享受到专业的健康管理服务,这不仅节省了他们的时间和精力,还让他们感受到了更加贴心和人性化的关怀。家庭医生随访工具包为基层医护人员提供了便捷、高效的健康管理工具,也为老年人提供了更加贴心、专业的健康管理服务。

四、社区自助式健康检测设备

社区自助式健康检测设备是针对社区机构和公共场所设计的设备集合及管理系统,旨在方便老年人开展自助健康指标检测。这些设备通常集成了多种健康检测功能,如血压、血糖、体脂、血氧、心率等参数的测量,让老年人能够随时了解自身的健康状况。

社区自助式健康检测设备具有以下显著特点。①自助性:老年人可以自主操作这些设备,无需专业人员的协助,轻松完成健康检测。②多样性:设备集成了多种健康检测功能,能够满足老年人多样化的健康检测需求。③智能化:设备采用智能化技术,可以自动记录和分析数据,为老年人提供个性化的健康建议。④便捷性:设备通常放置在社区机构或公共场所,方便老年人随时进行健康检测,节省了前往医疗机构的时间和精力。

通过社区自助式健康检测设备,老年人可以更加便捷地了解自己的身体状况,及时发现潜在的健康问题,并采取相应的措施进行干预和治疗。这些设备也为社区健康管理提供了有力的支持,有助于提升社区老年人的整体健康水平。社区自助式健康检测设备为社区老年人提供了便捷、高效的健康管理方式。

五、家庭健康监测设备

家庭健康监测设备是指能够在家庭环境中使用,用于监测人体健康指标的设备。这些设备通常具有便携性、易用性和实时监测等特点,可以帮助人们更好地了解自己的健康状况,及时发现潜在的健康问题,并采取相应的措施进行干预和管理。

常见的家庭健康监测设备包括血压计、血糖仪、体重秤、体脂秤、心电图仪、血氧仪、睡眠监测仪等。这些设备可以监测人体的多个生理指标，如血压、血糖、体重、体脂、心率、血氧饱和度、睡眠质量等，从而帮助人们全面了解自己的身体状况。

血压计可以测量血压和心率，对于高血压、心脏病等慢性疾病患者来说，可以实时监测自己的血压状况，以便及时调整用药和生活习惯。血糖仪则可以方便地测量血糖水平，帮助糖尿病患者控制血糖，预防并发症的发生。体重秤和体脂秤则可以监测体重和体脂率等指标，帮助人们了解自己的肥胖程度和潜在的健康风险。

除了单一功能的健康监测设备外，现在还有综合性的家庭健康监测设备，如智能手环、智能手表等。这些设备通常集成了多种健康监测功能，可以实时监测用户的心率、步数、运动量、睡眠质量等多个指标，并通过手机 App 等方式将数据同步到云端，方便用户随时查看和分析自己的健康状况。

家庭健康监测设备可以帮助人们更好地管理自己的健康，及时发现潜在的健康问题，并采取相应的措施进行干预和管理。在选择家庭健康监测设备时，需要根据自己的需求和健康状况进行选择，并注意正确使用和保养设备，以确保其准确性和可靠性。

六、智能健康管理终端

智能健康管理终端是结合了先进技术和医疗知识的设备，主要用于监测、分析和管理个人的健康状况。这些终端通常具有多种功能，可以测量和记录各种生理参数，如心率、血压、血糖、体脂率等，并通过数据分析提供个性化的健康建议和管理方案。

智能健康管理终端还具有智能化提醒功能，可以根据用户的生理数据和健康状况，提醒用户按时服药、进行运动、调整饮食等。这些终端还可以将用户的健康数据通过互联网上传到云端，方便用户随时查看和分析自己的健康状况，并与医生或健康管理师进行远程交流。

智能健康管理终端在家庭、社区、医院等场所都有广泛的应用前景，可以帮助人们更好地管理自己的健康，提高生活质量，降低医疗成本，实现健康管理的个性化和智能化。随着技术的不断进步和应用场景的拓展，智能健康管理终端将会在未来发挥更加重要的作用。

第三节　产品设计与开发策略

一、适老化产品开发策略

产品设计与
开发策略

健康管理类适老化产品开发时主要关注老年人的需求和特点，以确保产品能够满足他们的日常生活和娱乐需求。具体策略如下。①深入了解目标用户。了解老年人的

生活方式、需求和习惯是产品开发的第一步，通过市场调研、用户访谈等方式，收集关于老年人的生活方式、健康状况、兴趣爱好、消费习惯等方面的信息，以更好地了解他们的需求。②设计符合人体工程学的产品。老年人的身体机能有所下降，因此产品设计需要考虑到他们的身体特点。产品的尺寸、重量、操作方式等都应该适应于老年人的手部和身体机能特点。③提供简单易用的操作界面。老年人的认知能力和反应速度有所下降，因此产品的操作界面需要简洁明了，易于理解和使用，避免使用过于复杂的操作流程和烦琐的操作步骤。④强调产品的安全性和可靠性。老年人的安全意识较强，因此产品需要强调安全性和可靠性。产品的材质、结构、电路等都应该符合安全标准，并经过严格的测试和验证。⑤提供个性化定制服务。老年人的需求和习惯因人而异，因此产品需要提供个性化定制服务，以满足他们不同的需求，例如提供不同的颜色、尺寸、功能等选项，让用户可以根据自己的喜好和需求进行选择。⑥提供周到的售后服务。老年人对于新兴产品的使用经验较少，因此产品需要提供周到的售后服务，以便他们在使用过程中遇到问题能够及时得到解决，同时还应提供产品说明书、使用教程、维修服务等。

健康管理类适老化产品的开发策略需要综合考虑老年人的生活方式、需求和特点，以确保产品能够满足他们的日常生活和娱乐需求，并提供安全、可靠、易用、个性化的服务。

二、适老化产品设计探索

(一)感觉信息融合设计

感觉依赖于输入信息的种类、性质、强度等差异。人体通过感受器接受来自外在环境和自身的各种表现或者变化作为刺激信息，引起感受器神经末梢发生兴奋冲动，并沿神经通路传递到中枢视觉、触觉等感受区域，产生相应的感觉。每种感受器只能对某种特定性质或种类的刺激具有特异性与敏感性，例如听觉感受器对一定频率范围内的声波特别敏感，视觉感受器对可见光波特别敏感。衰老后感受器的功能也受一定影响，随着年龄的增加，老年人的视觉能力不断减退，甚至易患青光眼、白内障等。在这些感受之中，听力、视力下降是导致老年人群生活幸福指数下降的重要原因之一。

近年来，"通道"或者说"通感"这类词常用于产品设计之中，主要原因在于每种通道，也就是相对应的各类感受器，多仅接受一种适宜刺激并向中枢传递信息。针对老年人群感觉功能延迟与退化的特点，在进行健康管理类适老化产品设计与开发时，必须考虑产品能帮助到用户(老年人群)有效地、综合地利用多个感觉通路，并整合各通路的特点与条件，从而提高人机交互的和谐与高效。在适老化产品设计中，存在较多视听信息结合的方法，产品信息约九成通过视觉提供，其余多通过听觉提供，结合使用现代视听手段，可以增加老年人使用与操作产品的便捷性与记忆效果，如语音提示等功能。

(二)简单直观设计原则

人类接受信息、储存信息的能力是有限的,如果信息量超过一定范围,多余的信息则不能被有效记忆,只能被过滤掉,这一特点在老年人群中尤为明显。针对老年人群记忆特点,为了减轻其负担,适老化产品设计应以简单直观为原则,避免功能迭代而增加记忆负担。现代智能设备中的指纹感应以及人脸识别功能,在适老化产品设计中较多被使用,以提高操作便捷性。

健康管理类产品的设计往往需要利用专业理论,技术性较强,其内部结构也相对复杂。必须将专业理论相关内容进行科普,以助于形象记忆,便于产品使用。在操作界面中,应采用直观形象的简图代替晦涩深奥的字母。

(三)设计依据需求整合

在健康管理类产品或系统中,老年用户、家属和专业医护人员是对相关设计产生影响的三个主要方面,需求整合将围绕此三个群体进行(见图 6-1)。

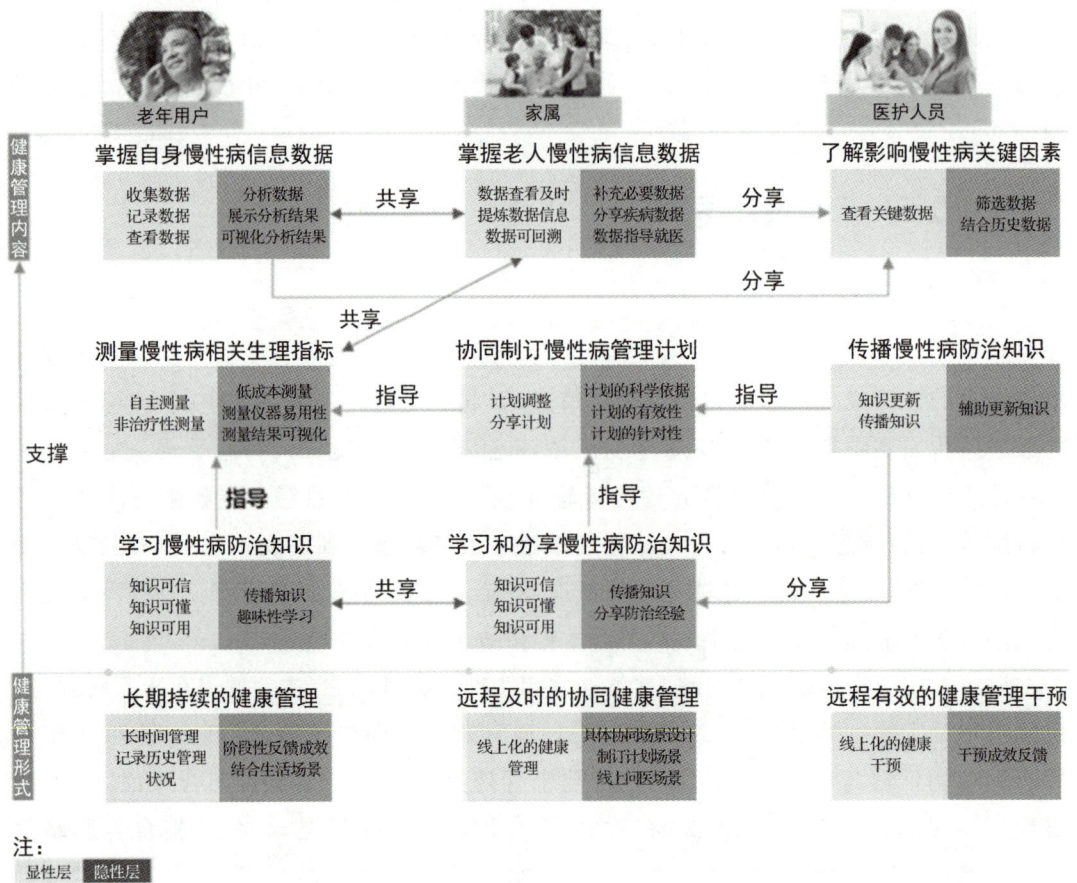

图 6-1　健康管理产品的需求整合

在健康管理的内容方面,老年用户的需求包括掌握自身健康相关信息、测量慢性病相关生理指标和学习慢性病防治知识;家属的需求包括掌握老人健康相关信息、协同制订慢性病管理计划和学习并分享慢性病防治知识;医护人员的需求包括了解影响老人慢性病的关键数据和普及慢性病防治知识。在健康管理的形式方面,老年用户希望能够拥有长期持续的健康管理,家属希望能远程及时地协助用户进行健康管理,而医护人员则希望能远程实施且监督其进行有效的健康管理干预措施。

针对老年用户的健康管理产品设计应当以内容层面的需求为主,形式层面的需求为辅,围绕老人、家属和医护三方展开设计。健康管理的形式需求是对内容需求的支撑,慢性病信息数据老人与家属间需要共享,在需要医护介入健康管理时也需要将数据进行分享;家属制订的管理计划主要用于指导老人进行测量、收集健康数据等;老人和家属协同学习慢性病防治知识的需求也同样是用于指导具体的健康管理措施,医护等专业人员则是这些知识的传播者。

(四)智慧发展设计导向

有学者将智慧养老管理类型的发展划分为 1.0、2.0、3.0 时代,指出三个阶段的养老领域服务特征,分别是通过信息技术匹配需求与服务资源(1.0 时代)、"互联网＋"赋能养老产业整合资源(2.0 时代),以及大数据驱动养老活动从粗放化向精细化转变,养老对象从单一主体过渡为多元主体,进而提出智慧养老 3.0 时代下的"精准化"养老理念。

在具体的医学实践领域,有学者从老年医疗者的视角出发,认为实行连续性的健康管理可有效提高老年共性病患者的生存及生活质量;在养老实践领域,目前也有从医院数字化诊疗平台智能化地采集、传输和存储数据,形成标准化的健康档案,并在此基础上逐步完善健康管理的技术和方法,打造实时在线的交流互动平台。以上经验都为健康管理产品设计提供了重要参考。

养老问题的研究并不是局限于单一领域的专业性问题,而是涉及广泛领域的综合性问题。融合创新理念、创新方法,将"以人为本"作为设计宗旨,在智能化时代背景下如何有效结合用户需求、产品效应以及成本收益仍是重大挑战。在具体的产品或服务效应研究中,健康管理的有效干预措施——远程医疗技术,即使在服务水平较低的农村,也能有效干预老年糖尿病人群的行为目标,维持其血糖及营养水平;基于家庭的远程管理技术也能有效减少慢性心力衰竭人群的住院频率等;对于轻度认知障碍的老人,智慧家居健康管理的日常检测技术也能及时发现老人的异常并进行干预。以上案例体现了健康管理类产品或服务系统能够有效提高老人的生活质量。

另一方面,老年人接受并采用智能技术是一个相对复杂的问题,涉及较多的影响因素,包括技术价值、可用性、可负担性、可靠性以及使用便捷性等,但通过全面了解老年人如何感知、与技术互动以及如何使用技术、产品和服务可以更好地实现设计对接到目标人群。在掌握老人的真实需求之后,为老人提供适配的技术产品或服务是老人接受和采纳智慧技术的重要因素,即适老化的技术产品和服务对老人而言才是可接受的。

三、健康管理交互设计

健康管理交互设计主要关注如何通过交互设计来优化健康管理体验,帮助用户更好地管理自己的健康。

健康管理交互设计的关键策略有以下几点。①用户研究:深入了解用户的健康状况、日常习惯、需求和期望,以便设计出符合他们需求的交互方式。②简洁直观的界面设计:提供清晰、直观的用户界面,使用户能够快速理解和使用。避免不必要的复杂性,确保信息层次结构简洁明了。③个性化体验:允许用户根据自己的偏好和需求定制健康管理方案,设置个性化的健康目标、提醒和反馈。④数据可视化:将复杂的健康数据以易于理解的方式呈现给用户,如使用图表、动画或颜色编码来表示不同的健康指标。⑤智能提醒与反馈:根据用户的健康状况和目标,提供智能提醒和建议,以及反馈用户的行为是否有助于达成健康目标。⑥社交互动:鼓励用户与家庭成员、朋友或社区成员共享健康数据,互相激励和监督,增强健康管理的社交性。⑦安全性与隐私保护:确保用户健康数据的安全性和隐私保护,提供加密、匿名化等安全措施。⑧跨平台兼容性:设计能够跨多个平台(如手机、平板、电脑、智能手表等)使用的交互界面,确保用户可以在不同设备上无缝切换。⑨迭代优化:通过用户反馈和数据分析,不断优化交互设计,提升用户体验和健康管理效果。⑩教育与支持:提供健康教育内容和使用支持,帮助用户更好地理解和使用健康管理工具。

健康管理交互设计需要综合考虑用户的健康状况、需求和习惯,以提供简洁、直观、个性化的交互体验,帮助用户更好地管理自己的健康。

四、健康管理服务设计

健康管理服务设计是指通过系统性的方法,规划、创建和优化一套完整的健康管理服务,以满足用户在不同场景下的健康需求。

健康管理服务设计的关键要素和策略如下。①用户细分与需求分析:对用户进行细分,了解不同用户群体的健康需求、偏好和特点。通过市场调研和用户访谈,收集用户对健康管理服务的期望和需求。②服务目标与定位:明确健康管理服务的目标和定位,如疾病预防、慢性病管理、健康促进等。确定服务提供的核心价值和差异化特点。③服务流程设计:设计清晰、连贯的用户服务流程,包括用户注册、健康评估、方案制定、日常跟踪、效果反馈等。优化流程中的各个环节,确保用户能够便捷地获得所需的服务。④技术支持与创新:利用现代技术如人工智能、大数据、物联网等,提升健康管理服务的智能化和个性化水平。探索创新的服务模式,如远程医疗、虚拟健康助手、智能穿戴设备等。⑤健康团队与专家资源:建立专业的健康管理团队,包括医生、营养师、健身教练等,为用户提供专业的健康指导。与医疗机构、健康机构等合作,共享专家资源和服务网络。

⑥教育与培训:提供健康教育和培训服务,帮助用户了解健康知识、掌握健康技能。定期举办健康讲座、工作坊等活动,与用户建立长期的互动关系。⑦持续监测与改进:建立用户反馈机制,收集用户对服务的评价和建议。通过数据分析,监测服务效果,及时发现问题并进行改进。⑧隐私保护与数据安全:严格遵守隐私保护和数据安全的相关法律法规。采取加密技术、访问控制等措施,确保用户健康数据的安全性和隐私性。⑨合作伙伴与资源整合:与保险公司、药品供应商、健康食品公司等建立合作关系,共同为用户提供更全面的健康管理服务。整合各类健康资源,为用户提供一站式健康管理解决方案。

通过综合考虑用户需求、技术支持、专业团队、教育资源等多方面的因素,健康管理服务设计可以为用户提供个性化、全面化、持续化的健康管理支持。

第四节　产品应用及反馈评价

一、产品应用反馈评价

产品应用及反馈评价

在产品应用评价方面,多从产品的易用性、使用安全性、维护便利性以及界面新颖性等方面进行评估。①易用性:在多数情况下,用户通过触觉来感知和使用产品,需要考虑产品外界面的优化设计来提升用户的感知性能以及操作便利性。②安全性:在任何情况下,用户的安全都是需首先考虑的,产品不可以对用户的安全造成负面影响。③维护便利性:产品的维护者(如家属)也是与产品有密切关系的人群,因此设计时同样需考虑产品的维护便利性。④界面新颖性:界面的设计也是用户对产品的第一评价要素。

健康管理类的适老化产品与其他类型产品存在一定差异,在设计、开发以及应用的阶段,都需要对产品进行反馈与评价。在健康管理类产品设计阶段,会有多个方案被提出;在方案决策阶段,企业考虑到市场、成本、技术、资金和时间等客观因素,通常会有一款或几款方案同时被投入生产。在这个过程中,往往由决策者从自身角度出发,结合个人观点进行评价,因此易造成最佳设计方案的误选或漏选,导致结果不仅不贴合用户的实际需求,也给企业带来不必要的经济损失。在开发健康管理类适老化产品的过程中,科学评价是保证产品成功以及可持续正向发展的关键。影响评价的因素较多,需要根据若干个评价准则对多个设计方案进行评价与优选,这一过程属于多准则群体决策问题,一般可以从产品设计、用户体验、人机交互、实际生产等多维度进行分析。

从产品本身出发,可以以小巧轻便、色彩亲和、材质舒适和防水防尘等作为准则进行判断;从用户体验出发,可结合老年人的喜好,通过问卷调查,对老年人的生理和心理特征进行深入剖析,挖掘老年人潜在的情感需求,可从易懂易学、实用性强、关怀友好和稳定耐用四个准则进行判断;从人机交互方面出发,布局简洁、字体清晰、声音响亮和操作便捷四个角度可以加以评判;对于实际生产角度,结构合理、成本适中、包装便捷和材料环保四个方面则是评价要点。

考虑到健康管理类产品的应用场景，一般反馈团队由适老化研究方向或者健康管理研究方向的相关专家、设计师、生产者以及老年用户组成。其中专家与设计师从产品设计的角度进行评价，老年用户从用户体验与人机交互的角度进行反馈，例如产品的流畅度、易用度、易理解性以及整体体验满意等，而生产者则从实际生产的角度进行判断。在实际使用过程中，该产品的测试与评估人员也从用户使用的流程顺畅度、操作易用度、便捷性和使用满意度等方面进行观察与记录。

二、养老服务反馈评价

养老服务反馈评价是指对养老服务机构或养老服务产品提供的服务质量和老年人的满意度进行评价的过程，这种评价通常基于老年人及其家属的反馈、服务人员的表现、服务设施和环境等多个方面。

养老服务反馈评价的关键有以下几点。①服务质量评估：评估养老服务机构或产品的服务质量，包括生活照料、医疗护理、康复服务、心理支持等方面。通过老年人的观察和反馈，了解服务是否周到、细致，是否满足老年人的需求和期望。②设施和环境评估：评估养老服务机构的设施和环境是否舒适、安全、便利，包括居住环境、活动设施、餐饮设施等方面。也要考虑这些设施和环境是否适合老年人的身体状况和生活习惯。③服务人员表现评估：评估服务人员的态度、专业技能和服务质量。服务人员的表现直接影响着老年人的生活质量和满意度，因此需要对他们的服务态度、沟通能力、专业技能等方面进行评估。④老年人满意度调查：通过问卷调查、访谈等方式，了解老年人对养老服务的满意度。这可以帮助服务机构了解老年人的需求和期望，及时发现服务中存在的问题，并采取相应的改进措施。⑤反馈处理和改进：对于老年人及其家属的反馈和建议，养老服务机构应及时处理和回应。根据反馈结果，对服务进行改进和优化，提高服务质量和老年人满意度。

养老服务反馈评价是提升养老服务质量和提高老年人满意度的重要手段。通过定期评估和改进，可以确保养老服务机构或产品提供的服务更加符合老年人的需求和期望，以提高他们的生活质量和社会福祉。

知识链接

有声世界、自主研发

北京某科技发展股份有限公司实施军转民战略，与北京某医院人工听觉工程技术研究中心合作，在军用骨传导耳机的基础上，开发了适合骨传导的助听器。北京聋人协会的张先生本身是一位重度失聪患者,由于长期使用气传导,听力下降十分严重,已经达到了几乎不能接收任何声音的严重程度。在佩戴该骨传导助听器后,他十分高兴地说:"我曾经担心再也听不到声音了,但骨传导助听器让我再次回到有声世界!"王女士是一位科研人员,退休后定居美国,由于听力重度下降,她在世界各地寻找听力补偿方案,但都无果,戴上该骨传导助听器后,她十分惊奇地说:"没想到我们国家自主研发的助听器,竟然解决了我的听力问题!"目前骨传导助听器已经广泛应用于国家优抚项目、福康工程、明天计划,以及养老院、儿童福利院和特殊教育学校等领域。

第五节　设计案例解析

适老化设计
案例解析

一、健康管理智能产品

健康管理类智能产品是指利用先进的技术和设备,通过监测、分析和管理个人健康数据,帮助用户更好地了解自己的健康状况,并提供相应的健康建议和解决方案的产品,通常包括可穿戴设备、健康监测设备、健康管理软件等。

常见的健康管理类智能产品有以下几种。①可穿戴设备:如智能手表、智能手环等,可以监测用户的心率、血压、睡眠质量等生理指标,并通过手机等终端设备展示给用户。②健康监测设备:如智能体重秤、智能血压计等,可以定期监测用户的体重、血压等健康数据,并通过数据分析提供相应的健康建议。③健康管理软件:如健康 App、健康管理系统等,可以帮助用户记录和管理自己的健康数据,提供个性化的健康建议和指导,以及普及健康知识等。

健康管理类智能产品可以帮助用户更好地了解自己的健康状况,及时发现潜在的健康问题,并提供相应的解决方案,从而更好地管理自己的健康,提高生活质量。需要注意的是,这些产品的准确性和可靠性因品牌和型号而异,用户在使用时应根据自己的需求和情况选择合适的产品。

二、个性化健康管理

个性化健康管理是指根据个体的健康状况、生活方式、遗传背景等因素,制订个性化的健康计划和管理方案,以达到预防疾病、提高生活质量的目的。这种管理方式强调因人而异,针对每个人的独特情况进行定制。

实现个性化健康管理,需要综合运用多种技术和手段,主要包括以下步骤。①健康风险评估：通过对个体的健康状况、生活方式、家族病史等因素进行评估，确定个体可能面临的健康风险。②制订个性化健康计划：根据健康风险评估结果，制订个性化的饮食、运动、休息等健康计划，帮助个体改善生活方式，降低健康风险。③持续监测与反馈：通过可穿戴设备、健康监测设备等工具，持续监测个体的生理指标和健康数据，及时发现异常情况并提供反馈，以便个体调整健康计划。④专业指导与咨询：提供个性化的健康指导和咨询服务，帮助个体解决健康问题，提高健康素养和自我管理能力。

个性化健康管理需要综合运用多种技术和手段，包括健康风险评估、制订个性化健康计划、持续监测与反馈、专业指导与咨询等。通过个性化的健康管理，可以帮助个体更好地了解自己的健康状况，及时发现潜在的健康问题，并提供相应的解决方案，从而提高生活质量，预防疾病。

三、适老化产品健康管理

适老化产品健康管理是指专为老年人设计的健康管理类产品和服务。由于老年人在生理机能、心理需求、认知能力等方面存在特殊性，因此适老化产品健康管理需要特别注重老年人的特点和需求，提供符合其生理和心理特点的健康管理方案。

适老化产品健康管理通常包含以下方面。①健康监测：通过穿戴健康监测设备等工具，实时监测老年人的生理指标，如心率、血压、血糖等，以及行为活动指标，如步数、运动量等，从而及时发现异常情况。②健康评估：根据老年人的健康状况、生活方式、家族病史等因素，进行健康风险评估，确定老年人可能面临的健康风险，为制订个性化的健康计划提供依据。③个性化健康计划：根据健康评估结果，为老年人制订个性化的饮食、运动、休息等健康计划，帮助他们改善生活方式，降低健康风险。也需要考虑老年人的认知能力和感知能力，确保计划的可行性和易操作性。④健康教育与咨询：提供健康教育和咨询服务，帮助老年人了解健康知识，掌握健康管理技能，提高自我管理能力。同时为老年人提供心理支持和社交互动，缓解他们的孤独感和压力。⑤紧急救援服务：为老年人提供紧急救援服务，如一键呼叫、摔倒检测等，确保老年人在遇到突发情况时能够及时得到帮助。

适老化产品健康管理需要综合考虑老年人的生理、心理和社会需求，提供个性化的健康管理方案，以帮助他们更好地管理自己的健康，提高生活质量和幸福感。另一方面也需要考虑老年人的认知能力和感知能力限制，确保产品的易用性和安全性。

案例分析

智能微养产品与系统

智能微养产品与系统由西安某智能科技有限公司联合苏州某智能科技有限公

司研制。其中家庭床位生命体征监测系统运用非接触传感技术采集生命体征数据，并创建动态生命体征传感网络，可通过在社区内高龄、独居的老人家中放置智能呼吸心率监护设备，对老年人的生命体征和居住环境进行监测。老年人出现异常情况时，系统会自动预警，监护人员能够及时发现，服务人员能够精准响应，可实现"家属＋社区＋服务中心"三方共管，降低老年人在家中发生意外的概率，规避其发生意外不被发现的现象。

智能微养产品与系统主要通过智能呼吸心率监护仪来运行，由压电薄膜微动传感器和中继器两部分组成。传感器采集心率、呼吸频率、体动、打鼾情况（鼾症监测及判断）、呼吸暂停情况、快速眼动（做梦）浅睡眠、深睡眠情况，可放置于枕头下或枕头位置床垫下，能采集 5～50cm 的数据；中继器可实现 Wi-Fi、移动物联网大数据传输，中继器连接适配器，适配器插在床头插座距离 3m 以内。

该健康管理设备可实现以下功能。①健康指标监测：呼吸心率异常监测、鼾症及呼吸暂停监测、心肺功能衰竭监测以及睡眠状态监测分析评价；②安全监控：长期卧床翻身提醒、异常离床实时提醒、居室活动异常提醒以及室内环境异常提醒；③管理功能：个人健康档案管理、预警阈值自主设定、消息提示以及机构系统数据统计分析。

【分析】

1.该产品适用于健康管理的哪些场景？

2.该产品的功能适合哪些老年人使用？

3.老年人及其家属如何使用该产品？

复习思考题

1.老年人在使用健康管理类产品时，可能面临哪些操作方面的困难？ 为提高产品易用性，应如何设计界面和功能？

2.健康管理类的适老化设计应遵循哪些基本原则？ 这些原则在产品设计中如何体现？

3.健康管理类适老化产品的哪些功能是必不可少的？ 如何根据老年人的特点进行功能创新？

参考文献

[1]董少龙,任娜.智慧健康养老技术之应用[J].社会福利,2018(11):31-32.

［2］李星睿.初老群体慢性病健康管理服务设计研究:以糖尿病为例[D].成都:西南交通大学,2021.

［3］牛慧珍,沈桓宇.老年健康管理移动医疗产品设计研究[J].工业设计,2018(10):40-41.

［4］沈星星.可供性视角下的家庭健康管理终端适老化设计研究[D].无锡:江南大学,2023.

［5］田丽丽.基于学习和记忆效率的智能健康管理终端适老化操作易用性研究[D].南京:南京理工大学,2019.

［6］王嘉雯.家庭健康监测与管理终端适老化设计研究[D].南京:南京理工大学,2021.

［7］阳巧,王佳慧,张萍.认知老化视角下健康管理终端的多层次任务交互设计研究[J].包装工程,2023,44(22):181-190.

（满锦帆、来章琦）

第七章

生活娱乐类适老化产品的设计与开发

学习目标

- **知识目标**
  1. 聚焦日常生活产品与适老化产品之间的不同点；
  2. 描述生活娱乐类适老化产品设计中所要考虑的因素。
- **能力目标**
  1. 运用相关理论，提出生活娱乐类适老化产品设计的框架；
  2. 区分适老化与非适老化生活娱乐类产品的特点。
- **素质目标**
  注重生活细节，培养关怀精神。

第一节　产品谱系与调研定位

一、人体工程学遥控器

产品谱系与
调研定位(一)　产品谱系与
调研定位(二)

研究表明老年人更喜欢有触感反馈的产品和易于阅读的标签，这促进了专注于舒适和易用性系列产品的发展，设计有大按钮和简化界面的人体工程学遥控器便是其中具有代表性的一种。此类产品的设计与开发中，产品谱系和调研定位扮演着重要角色。

(一)产品谱系

1.基本型遥控器

(1)特点：基本型遥控器设计着重于强调简单易用性，主要特点包括大按钮和明确的标记。大按钮设计使得操作更加容易，而明确的标记则确保用户可以轻松识别各个按钮的功能，这些特点尤其适用于视力不佳的老年用户。

(2)用户群体：基本型遥控器适用于广泛的老年人群体，特别是那些只需简单功能的用户。这些功能可能包括电视的开关、声音调节等常用设置，满足了大多数老年用户日常生活中的基本需求。

2.高级型遥控器

(1)特点:高级型遥控器在基本功能的基础上集成了更多的智能功能,最显著的是语音控制功能。通过语音控制,用户可以减少操作按钮的频率,更方便地理解和使用遥控器。这种设计尤其适合那些对技术接受度较高或手部活动能力受限的老年用户。

(2)用户群体:高级型遥控器主要针对技术水平较高的老年用户,或者那些由于年龄或健康问题而需要更多智能功能支持的用户。这些用户可能更愿意接受新技术,同时也更需要便捷的操作方式来提升生活质量。

3.定制型遥控器

(1)特点:定制型遥控器可根据特定用户的需求进行个性化定制。例如,可以根据用户的健康状况增加紧急呼叫按钮,或者根据用户的喜好定制频道预设等。这种定制化设计可以更好地满足老年用户的个性化需求。

(2)用户群体:定制型遥控器主要适用于有特殊需求的老年用户群体。这些用户可能有特定的医疗或安全需求,需要定制化的遥控器来满足其特殊需求,提供更加贴心和个性化的服务。

(二)调研定位

1.市场调研

(1)目的:市场调研的首要目的是了解老年用户对遥控器的基本需求和偏好。包括了解他们在日常生活中使用遥控器的情况、遥控器带来的便利或困扰,以及他们希望遥控器所具备的功能和特性。

(2)方法:市场调研的方法多样,包括用户访谈、问卷调查和市场分析等。用户访谈可以直接与老年用户进行深入的交流,了解他们的需求和意见。问卷调查可以扩大样本范围,收集更多用户的反馈和意见。市场分析则可以从整体市场的角度了解老年用户的消费趋势和市场需求。

(3)重点:在调研中,需要重点关注以下几个方面。①老年人的电视观看习惯:了解老年用户的观看频率、喜好的节目类型、观看时间等,可以帮助设计出更符合用户需求的遥控器功能。②技术接受度:调查老年用户对新技术的接受程度和态度,判断他们是否愿意尝试使用具有高级功能的遥控器。③操作遥控器时遇到的主要困难:了解老年用户在使用遥控器时可能遇到的问题和困难,例如按钮太小、标记不清晰等,以便针对性地改进产品设计。

通过这些市场调研方法和重点信息,设计团队可以更加准确地了解老年用户的需求和偏好,从而指导产品设计和开发过程,确保遥控器能够更好地满足老年用户的实际需求。

2.人体工程学分析

(1)目的:人体工程学分析的主要目的是确保遥控器设计符合老年人的身体功能和限制。通过分析老年人的手部灵活性、握力、视力等方面的特点,可以优化遥控器的设计,使其更易于操作和使用。

(2)方法:人体工程学分析通常采用科学的测量和评估方法,包括对老年人手部灵活性、握力和视力等进行详细的测量和评估。通过这些数据,可以了解老年人在使用遥控器时可能遇到的困难和挑战,并为设计提供指导。

(3)重点:按钮大小、握持感、视觉辨识度。①按钮大小:按钮应设计得足够大,便于老年人使用手指按压,避免因按钮过小而出现操作困难的问题。②握持感:遥控器的握持感应该符合老年人的手部握力,提升舒适度,不应过重或过大,以免使用时造成不便或疲劳。③视觉辨识度:按钮和标记应设计得清晰易读,以便老年人能够清晰地辨认和理解遥控器的功能和操作方式。

通过人体工程学分析,设计团队可以更好地理解老年用户的生理特点和操作需求,从而针对性地优化遥控器的设计,提供更符合老年人使用习惯的产品。

3.技术创新与适应性

(1)目的:技术创新与适应性的主要目的在于探索并集成新技术,如语音控制和触摸屏等,以提升遥控器的功能性和用户体验。通过引入新技术,可以为老年用户带来更便捷、更智能的遥控体验。

(2)方法:实现技术创新与适应性需要进行广泛的研究和测试。首先,需要对最新的技术趋势进行研究,了解市场上最新的技术进展和应用情况。其次,需要通过用户调查和测试,评估新技术的用户接受度和易用性。这些方法可以帮助设计团队确定哪些新技术适合集成到遥控器中,以最大程度地满足老年用户的需求。

(3)重点:在技术创新与适应性中,需要平衡传统和创新,确保新技术的易用性和适用性。尽管新技术可能带来更多的功能和便利,但也需要考虑老年用户的技术接受程度和操作习惯。因此,设计团队应致力于设计出既具有新技术特性,又容易操作和理解的遥控器,以确保老年用户能够轻松地使用新技术,享受其带来的便利。

通过这样的产品谱系和调研定位,可以确保人体工程学遥控器的设计既符合老年人的实际需求,又能够紧跟技术发展的步伐。这样的产品不仅能提高老年用户的生活质量,还能增加他们对现代技术的接受度和使用乐趣。

二、适老手机

市场研究指出需要开发有更大字体、简洁导航和紧急呼叫功能的智能手机,以满足老年用户的需求。设备要提供连接性,同时不会让用户感到功能过于繁杂。在生活娱乐类适老化产品的设计与开发中,针对适老手机的产品谱系与调研定位是关键环节。

(一)产品谱系

1.基础型适老手机

(1)特点:大按键、清晰显示屏、简化的菜单和基本功能,如打电话和发短信等。①大按键:手机配有大尺寸的按键,方便老年用户操作,减少误触的可能性。②清晰显示屏:手机拥有清晰的显示屏,文字和图标显示清晰易读,适应老年用户可能存在的视力问题。③简化的菜单和基本功能:手机界面简洁,只包含基本的功能和选项,如打电话、发短信等,避免复杂的菜单和操作流程,使用户更容易上手使用。

(2)用户群体:主要针对对技术不太熟悉或只需基本功能的老年用户。这种类型的手机主要面向那些对于现代科技产品不太熟悉,或者只需使用手机基本功能的老年用户。他们可能对于智能手机的复杂功能感到困惑或者不感兴趣,因此需要一款简单易用的手机来满足日常通信需求。基础型适老手机为这些用户提供了一种简单直观的通信工具,帮助他们保持与家人和朋友的联系,同时降低了使用技术产品的门槛,提高了他们的生活质量。

2.中级型智能适老手机　中级型智能适老手机是一种介于传统按键手机和高级智能手机之间的产品,旨在为老年用户提供更多的智能功能,同时简化操作流程。

(1)特点:①触摸屏操作:手机采用触摸屏设计,用户可以通过轻触屏幕来进行操作,使得操作更加直观和便捷。②较大的图标和文字:手机界面设计了较大的图标和文字,以提高可视性和易读性,适应老年用户可能存在的视力问题。③简单的界面:手机界面简洁明了,操作流程简单易懂,避免了过于复杂的功能和选项,以减少老年用户的困惑和不适感。④集成基本的智能手机功能:手机集成了一些基本的智能手机功能,如拍照、上网等,以满足老年用户对于更多功能的需求。

(2)用户群体:适合对智能手机有基本了解的老年用户,这类用户可能已经使用过智能手机或者具有一定的技术接受度,他们希望能够使用更多的智能功能,如拍照、上网等,但又不希望面对过于复杂的操作流程和功能选项。中级型智能适老手机为这些用户提供了一种介于传统手机和智能手机之间的选择,满足了他们对智能功能和简化操作的双重需求。

3.高级型智能适老手机

(1)特点:①高级健康监测功能:手机配备了高级的健康监测功能,如心率监测和步数追踪等。通过内置传感器和智能算法,用户可以随时监测自己的健康状况,并记录健康数据,更好地管理自己的健康。②紧急呼叫按钮:手机设有紧急呼叫按钮,用户在遇到紧急情况时可立即触发呼叫功能,向预设的紧急联系人发送求助信息,并提供定位信息,保障用户的安全。③语音控制:手机支持语音控制功能,用户可以通过语音指令来操作手机,如拨打电话、发送短信、打开应用程序等,使操作更加便捷和人性化。④定制化的应用程序:手机提供定制化的应用程序,可以根据用户的需求和偏好进行个性化设置,满足不同用户的需求。

(2)用户群体:对现代技术更加开放,需要更多健康监测和先进功能的老年用户。这类老年用户具有一定的技术接受度,并且希望能够利用智能手机来监测自己的健康状况,同时享受更多的便利和智能化服务。他们可能对健康监测功能和语音控制功能比较感兴趣,希望通过手机来提升自己的健康水平和生活质量。高级型智能适老手机为这些用户提供了一个功能丰富、智能化的选择,满足了他们对于健康监测和先进功能的需求。

(二)调研定位

1.市场调研

(1)目的:了解老年用户对手机功能的需求和偏好,包括了解他们对通讯功能、健康监测功能、紧急呼叫功能等的需求程度,以及他们对于智能手机新功能的接受程度。

(2)方法:实地访谈、问卷调查、市场趋势分析等。①实地访谈:通过与老年用户面对面的交流,直接获取他们的意见和反馈,了解他们对手机功能的需求和期望。②问卷调查:设计针对老年用户的问卷调查,收集大量的信息和数据,对老年用户的需求和偏好进行系统性的分析。③市场趋势分析:通过对智能手机市场的趋势和发展进行分析,了解当前市场上已有的产品和服务,以及老年用户对这些产品和服务的反馈和评价。

(3)重点:调查老年用户的通信需求、智能手机使用经验、对新技术的接受程度。①调查老年用户的通信需求:了解老年用户对通信功能的需求,包括电话通话、短信发送等方面的需求,以确定设计手机时应该优先考虑的功能。②智能手机使用经验:了解老年用户对智能手机的使用经验和技术水平,以确定设计手机界面和操作方式时应该考虑的因素。③对新技术的接受程度:了解老年用户对新技术的接受程度和态度,特别是对于健康监测功能、语音控制功能等新技术的接受程度,以确定是否应该在手机中集成这些功能。

2.用户体验测试

(1)目的:验证手机设计是否符合老年人的操作习惯和生理特点,确保他们能够轻松使用手机并享受到良好的用户体验。

(2)方法:用户操作测试、可用性评估。①用户操作测试:通过让老年用户实际操作手机,观察他们在使用过程中遇到的问题和困难,收集他们的反馈意见,从而评估手机设计的实际可用性。②可用性评估:对手机界面、功能操作流程等进行评估,检查其是否符合老年用户的操作习惯和理解能力,发现并修正潜在的设计缺陷。

(3)重点:操作简便性、界面可读性、握持舒适性。①操作简便性:重点评估手机的操作界面是否简洁明了,功能是否直观易懂,以确保老年用户能够轻松上手并快速掌握手机的使用方法。②界面可读性:关注手机界面的文字大小、颜色对比度等,确保老年用户能够清晰、准确地识别和理解界面上的信息,避免因视力问题而造成误操作。③握持舒适性:考虑手机的外形设计、材质选择等因素,确保手机握持舒适、稳定,不易滑落,使老年用户能够长时间持握手机而不感到疲劳或不适。

3.技术适应性与创新

(1)目的:探索适合老年用户的技术创新,通过研究和测试新技术,如紧急响应系统和健康监测功能等,满足老年用户在通信和健康管理方面的特殊需求。

（2）方法：①跟踪最新技术发展：密切关注科技领域的最新发展趋势，了解新技术在老年用户群体中的应用前景，寻找适合整合到手机设计中的新功能和解决方案。②测试先进功能的用户接受度：通过实地测试和用户调研，评估老年用户对先进功能的接受程度和实际使用体验，发现潜在问题并及时进行优化和调整。

（3）重点：平衡传统需求和创新功能，确保技术易于理解和使用。①平衡传统需求和创新功能：在整合新技术时，需要综合考虑老年用户的传统需求和习惯，确保新功能不会过于复杂或难以理解，同时保留手机基本功能的稳定性和易用性。②确保技术易于理解和使用：新技术应设计为老年用户易于理解和操作的形式，如简单的图标、清晰的提示信息等，以确保老年用户能够轻松掌握和使用，提升其使用体验。

通过这样的产品谱系和调研定位，可以确保适老手机的设计既满足老年用户的基本通信需求，又能提供符合他们生活方式和健康状况的附加值。这样的手机不仅便于老年用户使用，还能帮助他们更好地融入现代科技生活，提高生活质量。

三、运动健身器材

开发适合老年人身体能力的健身设备，如低冲击跑步机或带支撑座椅的固定自行车，可帮助老年人合理运动，进而促进健康。对老年人身体健康趋势的研究可以指导开发一系列促进安全活动的产品。在生活娱乐类适老化产品的设计与开发中，针对运动健身器材的产品谱系与调研定位是至关重要的。

（一）产品谱系

1.基础型运动健身器材　基础型运动健身器材主要针对初级健身者和对复杂设备操作不熟悉的老年用户。

（1）特点：基础型运动健身器材的设计注重简洁易懂，通常采用简单的机械结构和稳固的底座，确保操作稳定且容易上手。例如，手动跑步机、平衡器、站立式自行车等都属于这一类别的健身器材。

（2）用户群体：①初级健身者：基础型运动健身器材适合健身初学者或长时间未进行过健身锻炼的用户，他们可能对健身器材的操作和使用不太熟悉，因此需要通过简单易懂的设备来逐渐适应。②对复杂设备操作不熟悉的老年用户：老年用户通常更倾向于使用简单、易于操作的健身器材，因此基础型运动健身器材可以满足他们对于健身器材操作简便性的需求，同时也有助于他们逐步适应和享受健身活动的乐趣。

2.中级型运动健身器材

（1）特点：①集成一些电子功能：中级型运动健身器材通常集成了一些电子功能，如计步器、心率监测器等，这些功能能够帮助用户更好地了解自己的运动状态和健身效果。通过实时监测身体指标，用户可以更科学地制订健身计划和调整运动强度。②简单的健身程序：这类健身器材可以提供一些预设的健身程序，例如有氧训练、脂肪燃烧、心肺功能提升等,让用户能够根据自己的健身目标选择合适的训练方案。

(2)用户群体:有一定健身经验的老年用户。中级型运动健身器材适合已经有一定健身基础或经验的老年用户,他们希望通过更多的身体锻炼来提升健康水平和体能素质。这类用户对于健身器材的功能和操作已经有一定的了解,能够更好地利用这些电子功能来辅助自己训练。

3.高级型运动健身器材

(1)特点:高级型运动健身器材集成了许多高级功能,例如可编程的健身计划,用户可以根据自己的健身目标和个人情况制订专属健身计划。还可能包括互动视频指导功能,用户可以通过观看视频获取专业的健身指导,学习正确的动作技巧和训练方法。另外,还可能提供在线健身课程接入,用户可以随时随地参与在线健身课程,享受专业的健身指导和教练服务。

(2)用户群体:对健身有深入需求和对技术更加开放的老年用户。高级型运动健身器材主要面向那些对健身有深入需求和追求更高健身水平的老年用户,他们希望能够通过专业的健身计划和指导,实现个人健身目标,并愿意利用先进的技术手段来提升健身效果。这类用户通常对于健身器材的功能和操作有一定了解,并且愿意花费一定的时间和精力学习和利用高级功能来进行个性化的健身训练。

(二)调研定位

1.市场调研

(1)目的:了解老年用户对健身器材的需求和偏好。通过市场调研,可以全面了解老年用户对健身器材的需求,包括他们的健身目标、健身习惯、健身喜好等,以及他们对于不同类型健身器材的接受程度。

(2)方法:用户访谈、问卷调查、市场分析等。①用户访谈:通过与老年用户进行面对面的深度访谈,了解他们的健身需求、体验和意见,收集用户的直接反馈和建议。②问卷调查:设计针对老年用户的问卷调查,通过大量样本数据的收集和分析,获取老年用户的整体健身偏好和需求趋势。③市场分析:对市场上已有的健身器材进行调查和分析,了解老年用户对不同类型、品牌和价格段的健身器材的偏好和购买行为。

(3)重点:①调查老年用户的健身习惯:了解老年用户的日常健身习惯,包括健身频率、时间、场所等,以及他们偏好的健身方式和项目。②调查老年用户的健康状况:了解老年用户的健康状况,包括身体健康状况、慢性病情况、运动能力等,以便针对不同健康状况设计适合的健身器材和健身方案。③调查老年用户对不同健身器材的接受程度:了解老年用户对于不同类型、功能和设计风格的健身器材的接受程度和偏好,以确定产品设计和市场推广的方向。

2.用户体验测试

(1)目的:确保健身器材的设计符合老年人的身体状况。通过用户体验测试,可以验证健身器材的设计是否符合老年用户的身体特点和使用习惯,以确保其使用体验和安全性。

（2）方法：①用户操作测试：邀请老年用户参与实际的健身器材操作测试，观察他们的使用行为和反应，收集用户在使用过程中遇到的问题和意见。②安全性评估：对健身器材的安全性进行评估，包括材料结构的稳固性、运动部件的平稳性、安全警示的有效性等，以保障老年用户在使用过程中的安全。

（3）重点：确保操作简单安全，适应老年人的体力和协调能力。①确保操作简单安全：关注健身器材的操作界面设计和功能设置，确保操作流程简单直观，减少老年用户的学习成本和误操作风险。②适应老年人的体力和协调能力：考虑老年用户的体力和协调能力，设计合适的运动强度和节奏，确保老年用户在使用健身器材时能够舒适、安全。

3. 技术适应性与创新

（1）目的：探索适合老年用户的技术创新，通过引入新技术，如虚拟现实健身和在线社交互动，探索更符合老年用户需求的健身方式，提升其健康管理和社交参与体验。

（2）方法：跟踪最新技术趋势、测试新技术的用户接受度。①跟踪最新技术趋势：密切关注科技领域的最新发展，特别需关注与老年人健康和社交需求相关的技术创新，如虚拟现实技术、智能健身设备等。②测试新技术的用户接受度：通过实地测试和用户反馈收集老年用户对新技术的接受程度和使用体验，了解其对新技术的态度和偏好，以指导后续的产品设计和推广策略。

（3）重点：①平衡传统需求和创新功能：在引入新技术的过程中，需要平衡满足老年用户传统需求和提供创新功能之间的关系，确保新技术能够真正解决老年用户的问题，而不是增加他们的不便。②确保新技术的易用性和适应性：新技术的引入应注重用户友好性和适应性，确保老年用户能够轻松理解和使用，以提升其健身和社交体验的舒适度和愉悦度。

通过这样的产品谱系和调研定位，可以确保运动健身器材的设计既满足老年用户的基本健身需求，又能提供适合他们身体状况和健康目标的高级功能。这样的器材不仅有助于提高老年人的身体健康，还能帮助他们享受健身的乐趣，提升生活质量。

四、大脑训练游戏

认知衰退模式有助于恢复记忆力和提升解决问题的能力，并可促进相关应用技术或产品的研发，刺激认知功能的大脑训练游戏就是一种基于认知衰退模式的产品。为此，在生活娱乐类适老化产品的设计与开发中，必须对大脑训练游戏的产品谱系与调研定位有清晰的认识。

（一）产品谱系

1. 基础型大脑训练游戏

（1）特点：这类游戏设计简单，主要包括记忆游戏、拼图、字谜等，注重基本的认知功能训练。游戏规则简单易懂,操作简便,适合对复杂游戏操作不太熟悉的老年人。

(2)用户群体:主要面向初级用户,尤其是那些对游戏操作不太熟悉的老年人。这些游戏能够提供轻松愉快的游戏体验,并在娱乐中培养和维持用户的认知能力。

2.中级型大脑训练游戏

(1)特点:这类游戏相对复杂一些,包括稍微复杂的策略游戏、问题解决任务、语言学习等,提供适度挑战性。游戏规则和任务较为多样化,需要一定程度的思考和决策。

(2)用户群体:适用于有一定游戏经验的老年用户,他们希望在游戏中提升自己的认知水平,并享受一定的挑战。这类游戏可以帮助用户保持大脑灵活性,促进思维活跃。

3.高级型大脑训练游戏

(1)特点:这类游戏设计更加复杂,涉及高级认知训练,如模拟现实情境的决策游戏、复杂的逻辑推理游戏等。游戏内容更加深入,需要较高水平的认知能力和解决问题的能力。

(2)用户群体:针对那些经常进行脑力活动、寻求高级认知挑战的老年用户。这些用户可能已经通过基础和中级训练游戏培养了一定的认知能力,希望在游戏中追求更高水平的挑战和满足感。

(二)调研定位

1.市场调研

(1)目的:了解老年用户对大脑训练游戏的兴趣和需求,为产品定位和功能设计提供参考。

(2)方法:通过用户访谈、问卷调查、市场趋势分析等手段,系统性地了解老年用户的游戏偏好和认知训练需求。

(3)重点:关注老年用户对不同类型大脑训练游戏的偏好,以及他们对认知挑战的接受程度。这有助于确定产品的特色和市场定位,以满足用户需求。

2.用户体验测试

(1)目的:确保游戏设计符合老年人的认知能力和技术接受度,提供良好的用户体验。

(2)方法:进行用户操作测试和可用性评估,观察老年用户在游戏中的互动过程和反馈。

(3)重点:关注游戏的易用性、互动性和教育价值。通过用户体验测试,不断优化游戏设计,使其更贴近用户需求,以提升游戏的吸引力和实用性。

3.技术适应性与创新

(1)目的:探索将新技术(如虚拟现实、人工智能)整合到大脑训练游戏中,以提升游戏的趣味性和认知训练效果。

(2)方法:跟踪技术发展趋势,测试新技术的用户接受度和实际效果。

(3)重点:确保新技术的易用性和适应性,同时提供真正有效的认知训练。关注用户对新技术的反馈和需求,不断创新和改进游戏,以提升用户体验和认知训练效果。

通过这样的产品谱系和调研定位,可以确保大脑训练游戏的设计既满足老年用户维护认知的基本需求,又能提供适当的认知挑战和娱乐价值。

五、虚拟现实体验

在生活娱乐类适老化产品的设计与开发中,针对虚拟现实(virtual reality,VR)体验的产品谱系与调研定位非常关键。虚拟现实技术为老年人提供了与无法接触或想念的人或事物产生连接的机会,从而提高了他们的生活质量。以下是关于虚拟现实体验的详细解析。

1.基础型虚拟现实体验　基础型虚拟现实体验着重于提供简单的虚拟体验,例如虚拟旅行、轻松的游戏和教育内容。这种类型的产品主要面向初次接触 VR 技术的老年用户,他们寻求新奇体验但不需要复杂交互。

2.中级型虚拟现实体验　中级型虚拟现实体验则提供更为复杂的互动体验,包括虚拟健身、社交活动、文化探索等。这适合对 VR 有一定了解、希望有更多互动和探索的老年用户。

3.高级型虚拟现实体验　高级型虚拟现实体验则涉及高度交互和定制化的 VR 体验,例如个性化的虚拟世界探险、虚拟现实中的技能学习或治疗应用。这种类型的产品适用于对 VR 技术感兴趣,寻求深层次和个性化体验的老年用户。

在调研定位方面,市场调研旨在了解老年用户对虚拟现实体验的兴趣和需求,重点关注他们对不同类型 VR 体验的偏好,包括娱乐、教育、社交等方面。用户体验测试则确保 VR 体验设计符合老年人的身体和认知能力,重点考虑易用性、舒适度和吸引力。技术适应性与创新方面,探索在 VR 体验中整合新技术的可能性,如增强现实(augmented reality,AR)、人工智能(artificial intelligence,AI),确保新技术易于理解和使用,同时提供价值。

通过这样的产品谱系和调研定位,可以确保虚拟现实体验的设计既满足老年用户的基本娱乐和社交需求,又能提供适合他们的高级交互和个性化体验。这样的 VR 体验不仅能够为老年人提供新的娱乐方式,还能帮助他们在安全舒适的环境中探索和学习,从而提高生活质量和幸福感。

六、社交平台

社交平台的设计旨在帮助老年人与朋友和家人保持联系,并促进社交互动。了解老年用户的社交习惯和需求是设计过程中的关键,因此产品通常强调大字体、简单导航和清晰音频,以提升易用性和可访问性。

在生活娱乐类适老化产品的设计与开发中,社交平台的产品谱系和调研定位至关重要。根据用户的社交技能和偏好,可以划分为基础型、中级型和高级型社交平台。

基础型社交平台提供简化的界面和基本的社交功能,适合对社交媒体不太熟悉或仅需基本社交功能的老年用户。中级型社交平台则提供更丰富的互动功能,如群组参与、活动组织、照片和视频分享等,适合有一定社交媒体使用经验的用户。而高级型社交平台则集成了更多高级功能,例如视频聊天、在线活动、社交游戏和个性化推荐等,针对对社交媒体更加熟悉,寻求全面社交体验的老年用户。

为了确保产品设计符合老年人的需求和偏好,调研定位至关重要。市场调研通过用户访谈、问卷调查和市场分析来了解用户对社交平台的需求和偏好,重点关注用户对不同类型社交功能的接受程度。用户体验测试旨在确保平台的易用性和界面直观性,重点考虑用户操作测试和可用性评估。技术适应性与创新方面,重点在于探索新技术在社交平台中的应用可能性,如人工智能和语音交互等,以提升用户体验和社交互动。通过以上调研和设计,可以打造出满足老年用户需求的社交平台,帮助他们保持社交联系,增强社交活力,提升生活质量。

产品谱系在任何情况下都反映了基于目标群体的持续研究及反馈后的一系列创新和改进。调研定位涉及理解这些产品如何适应市场、如何满足特定需求,以及它们与现有解决方案的区别。产品设计的最终目标是通过量身定做的娱乐和生活产品来提高老年人的生活质量。

第二节　产品设计与开发策略

产品设计与
开发策略

一、用户中心设计

以用户为中心进行设计,深入了解老年用户的生活方式、喜好、能力和需求。进行用户访谈、问卷调查,甚至是用户观察,确保产品设计符合目标用户群体的实际使用情况。

在生活娱乐类适老化产品的设计与开发中,采用用户中心设计(user-centered design,UCD)策略是至关重要的。这种方法以用户的需求和体验为核心,确保最终产品能够满足目标用户群体的具体需求。以下是关于用户中心设计的详解策略。

(一)用户研究阶段

用户研究是设计与开发适老化产品的关键步骤之一。首先,在用户研究阶段,需要深入了解老年用户的生活方式、需求、偏好以及所面临的挑战,可以通过对老年用户进行深入的访谈和观察来实现。同时,考虑老年用户的生理和认知变化,如视力减退、听力下降、手部灵活性降低等,对产品设计至关重要。在用户参与方面,设计团队应积极邀请老年用户参与设计过程,并进行用户测试,以评估产品设计是否符合老年用户的需求。

（二）设计实施阶段

在设计实施阶段，易用性应被置于优先位置。设计简洁直观的用户界面，避免复杂的菜单或操作流程，并采用大字体、高对比度的颜色和清晰的视觉提示，以适应视力减退的用户。此外，适应性设计也至关重要，应提供可定制的用户界面，允许用户调整字体大小或选择不同的颜色主题，并设计可以适应不同用户能力水平的产品，如提供语音输入选项以便于那些手部灵活性不佳的用户使用。

（三）反馈与迭代阶段

在反馈与迭代阶段，持续收集用户反馈和使用数据是至关重要的。产品推出后，应持续收集用户的反馈和使用数据，以评估产品的实际使用情况，并定期与用户进行沟通，了解他们对产品的使用体验和改进建议。根据用户反馈对产品进行持续的迭代和更新，同时保持对最新技术趋势和用户需求变化的敏感性，以确保产品能够不断适应老年用户的需求。通过采用这些用户中心设计策略，可以确保生活娱乐类适老化产品更好地满足老年用户的需求，提升他们的使用体验，从而提高产品的市场接受度和用户满意度。

二、简化操作

考虑到老年人可能对复杂的技术不太熟悉或不愿意接受，设计时应注重简化操作步骤，采用直观的用户界面，减少认知负担，使产品易于理解和使用。

在生活娱乐类适老化产品的设计与开发中，简化操作是一项关键策略。这一策略旨在确保产品易于理解和使用，特别是对于那些可能不太熟悉复杂技术或有一定生理限制的老年用户。以下是实施简化操作策略的具体方法。

（一）界面设计简化

1. 直观的用户界面　针对老年用户，创建直观清晰的用户界面至关重要。这意味着设计师需要避免复杂的菜单和过多的选项，确保界面简单易懂，让用户能够快速找到所需的功能。

简洁明了的布局是关键。界面布局应该简单直观，避免过多分散的元素和混乱的视觉效果。重要的功能和信息应该以明显的方式呈现在用户面前，而不被埋没在繁杂的界面中。

减少菜单层级和选项数量。老年用户可能不太熟悉复杂的技术操作，过多的菜单层级和选项会让他们感到困惑和不安。因此，设计师应该尽量简化菜单结构，减少选项数量，让用户能够轻松找到他们需要的功能，而不必花费过多的时间和精力去寻找。

清晰的标识和指引也是很重要的。界面上的图标、文字和按钮应该清晰明了，让老年用户能够轻松地理解其含义和作用。同时，提供简单明了的指引和提示，帮助用户了解如何操作，以及如何找到他们需要的功能。

为老年用户创建直观清晰的用户界面意味着简化布局，减少菜单层级和选项数量，并提供清晰的标识和指引。这样的设计能够让老年用户更轻松地使用产品,提升他们的使用体验和满意度。

2.大字体和高对比度　针对老年用户的界面设计,采用大字体和高对比度的颜色方案是非常重要的,特别是考虑到视力下降的用户群体。

使用大号字体可以显著提高文字的可读性。老年用户可能存在视力下降的问题,因此需要更大的字体来确保文字清晰可见。通过采用大号字体,可以使文字更加清晰易读,减少老年用户阅读时的眼部疲劳和不适感。此外,大号字体也有助于老年用户更快速地浏览界面上的信息,找到他们需要的内容。

高对比度的颜色方案能够使文字和背景之间的对比更加明显,进一步提高文字的可读性,从而减少老年用户阅读时的困难。例如,采用黑色文字与白色背景或白色文字与深色背景的组合,使文字更加清晰易读,同时减少眼部疲劳和不适感。

避免使用过于花哨或模糊的颜色和背景。对于老年用户来说,过于复杂或模糊的颜色和背景可能会增加阅读难度,导致文字不易辨认。因此,在界面设计中应尽量采用简洁明了、对比度高的颜色方案,以提高老年用户的使用体验和满意度。

(二)功能精简

1.核心功能突出　针对老年用户,界面设计应特别注重突出核心功能,集中于他们最常用的功能,避免添加过多次要或很少使用的功能。这种设计理念的核心在于简化用户界面,使老年用户能够更轻松地找到并使用他们最需要的功能,而不会被过多的选项所迷惑。

了解老年用户的使用习惯和需求是至关重要的。通过调研和用户反馈,可以确定哪些功能是老年用户最常用的,哪些功能则相对次要或很少使用。针对这些核心功能,设计师应该确保它们能够在界面上得到突出展示,比如放置在首页或更显眼的位置,以便老年用户能够直接找到并使用。

避免添加过多的次要功能或很少使用的功能。老年用户可能不太熟悉复杂的界面和操作,过多的功能选项会让他们感到困惑和不安。因此,界面设计应尽量简化,只保留最重要、最常用的功能,将其他次要功能或很少使用的功能隐藏或放置在次要位置,以减少界面的复杂度和老年用户的认知负担。

提供个性化的设置选项也是很重要的。老年用户可能具有不同的偏好和需求,因此界面设计应该提供一定程度的个性化设置选项,让他们可以根据自己的喜好和习惯调整界面布局、字体大小等参数,以提高他们的使用舒适度和满意度。

2.分步引导　针对老年用户,提供分步引导是确保他们能够轻松完成复杂操作的关键。老年用户可能对技术操作不太熟悉,面对复杂的任务会感到困惑和不安。因此,通过简单的步骤逐步引导用户完成任务,可以帮助他们更加轻松地掌握操作流程,减少操作错误。

针对复杂的操作,设计师应该将任务分解成一系列简单易行的步骤,并逐步引导用户完成每一步。这样做有助于降低用户的认知负荷,避免他们感到无措。

每个步骤的指导都应该简明清晰。在分步引导的过程中,设计师应该提供清晰明了的指示和提示,告诉用户应该如何操作,以及下一步该做什么。文字描述应简洁明了,避免使用专业术语或复杂的语言,以确保老年用户能够准确理解和执行。

提供可选的帮助和支持也是很重要的。老年用户可能会在某些步骤中遇到困难或疑惑,因此设计师应该提供可选的帮助和支持,如提示信息、示意图、视频教程等,帮助他们更好地理解和执行操作,顺利完成任务。

(三)物理设计考虑

1.易于操作的物理设计 针对老年用户,设计易于操作的物理产品至关重要,尤其是需要物理操作的产品,如遥控器、健身器材等。在这些产品的设计中,应着重考虑以下几个方面,以确保老年用户能够轻松使用并获得良好的体验。

按钮大小应适中、易于按压。老年用户可能存在手部灵活性下降的情况,因此按钮的尺寸和间距应设计得足够大,以确保他们能够轻松准确地按压。过小或过密的按钮可能会导致误操作或不便利的使用体验,应尽量避免这种情况的发生。

把手设计应考虑易于握持。对于需要握持操作的产品,如把手,其形状应符合人体工程学原理,握持时能够自然贴合手部曲线,减少手部疲劳和不适感。此外,把手的表面应设计成防滑或抗滑的材质,以提供更稳固的握持感,减少意外滑动的风险。

产品的整体重量也需要考虑。老年用户可能对重量敏感,过重的产品会增加他们使用时的负担和不便。因此,在设计产品时应尽量减轻产品的整体重量,以提高老年用户的使用舒适度和便利性。

产品的外观设计也应简洁明了,避免过于复杂或装饰过多的元素。简洁的外观设计可以使老年用户更容易理解产品的功能和使用方法,降低他们的认知负荷,提升使用体验。

2.触觉反馈 针对老年用户,明确的操作指示是确保他们能够轻松理解如何使用产品的关键。视觉化的操作指示应该简单易懂,避免使用复杂的术语或专业名词,因为过于复杂的指示会使老年用户感到困惑和不安。因此,设计师应该尽量使用触觉反馈技术,以确保老年用户能够根据触觉反馈的指示内容,正确执行操作。

针对复杂的操作流程,反馈系统应将指引步骤分解成一系列简单明了的操作,并按照顺序逐步运行。因此,触觉反馈操作应该回馈清晰,步骤分明。

(四)清晰的指示和反馈

1.明确的指示 针对老年用户,提供清晰的操作指示是确保他们能够轻松理解如何使用产品的关键。老年用户可能对技术操作不太熟悉,因此需要简明清晰的指引来帮助他们正确地操作产品。

操作指示应该以简单明了的语言呈现,避免使用过于专业化或复杂的术语。老年用户可能对技术术语不太熟悉,因此过于复杂的指示会让他们感到困惑和不安。因此,设计师应该尽量使用通俗易懂的语言,以确保老年用户能够准确理解指示内容,并正确执行操作。

操作指示应该结构清晰、步骤分明。针对复杂的操作流程,应将指引分解成一系列简单易行的步骤,并按照顺序逐步介绍。每个步骤的指示都应该具有清晰的开始和结束,确保老年用户能够逐步完成任务,而不至于感到迷惑或不知所措。

为了增强指示的可理解性,可以采用图文并茂的方式呈现。文字描述可以配合示意图或图解,帮助老年用户更直观地理解指示内容,并正确执行相应操作。图文并茂的设计不仅可以降低老年用户的认知负荷,还可以增加操作的可行性和成功率。

为了进一步提高老年用户的使用体验,还可以考虑提供可选的语音提示或视频教程。语音提示可以让老年用户通过听觉的方式获取操作指示,而视频教程可以通过演示操作过程来帮助他们更好地理解和学习。

2. 即时反馈　对于老年用户,提供即时的视觉或听觉反馈是确保他们能够轻松理解和掌握操作流程的重要方式。老年用户可能对技术操作不太熟悉,因此即时反馈可以帮助他们确认其操作是否已被系统识别,增强他们的信心,并降低操作错误的风险。

即时的视觉反馈可以通过界面上的动画、弹出提示或变化的图标等形式呈现。例如,当老年用户点击按钮或执行操作时,系统可以在屏幕上显示一个短暂的动画或弹出一个提示框,告知他们操作已被成功识别。这种即时的反馈可以让老年用户清楚地知道他们的操作是否得到了系统的响应,从而增加他们的安全感和满意度。

即时的听觉反馈也是很重要的,系统可以通过语音提示或音效来确认用户的操作。例如,当老年用户点击按钮时,系统可以发出一个简短的"嘀嘀"声或"确认"提示音,告知他们操作已被成功识别。这种听觉反馈可以让老年用户在操作过程中更加放心,确保他们的操作得到了正确的响应。

即时反馈应该尽可能简洁明了。老年用户可能会对复杂的反馈信息感到困惑,因此反馈内容应该简单清晰,避免过于复杂或模糊的提示。简洁明了的反馈可以让老年用户更容易理解和接受,以提高他们操作的效率和准确性。

(五)用户测试与反馈

1. 实际用户测试　进行实际用户测试是确保产品操作简便性的重要手段之一。通过让真实的老年用户参与测试,可以直接收集他们的反馈和意见,了解他们在使用产品时遇到的问题和困难,从而及时调整和改进产品设计。

实际用户测试可以帮助设计团队更好地理解老年用户的实际需求和使用习惯。老年用户可能有特定的偏好和需求,只有通过实际测试,设计团队才能深入了解他们的真实反馈,从而进行针对性的优化和改进。

实际用户测试可以帮助发现产品设计中潜在的问题和不足之处。老年用户可能会在操作过程中遇到一些意料之外的困难或挑战,通过实际测试,设计团队可以及时发现这些问题,并采取相应的措施加以改进,以提高产品的易用性和用户满意度。

实际用户测试还可以验证产品设计的有效性和可行性。通过观察老年用户在真实环境中的使用情况,设计团队可以评估产品设计的实际效果,并根据测试结果进行调整和改进,以确保产品能够满足老年用户的实际需求和预期。

实际用户测试还可以增强老年用户的参与感和认同感。通过参与产品测试,老年用户可以感受到他们的意见和反馈受到重视,从而更加愿意使用和推荐该产品。这种用户参与的过程也可以帮助设计团队建立起与用户之间的信任和沟通渠道,为未来的产品改进提供更多的参考和支持。

2.持续改进　持续改进是确保产品设计符合老年用户需求的重要手段。通过不断收集和分析用户反馈,设计团队可以发现产品存在的问题和不足之处,并及时进行优化和改进,使操作更加简便和直观,从而提升老年用户的使用体验和满意度。

设计团队应建立起有效的反馈机制,以便老年用户能够方便地提供意见和建议。可以通过邮件、电话、在线反馈表格等多种方式收集用户反馈,同时也可以定期组织用户调研或座谈会,直接与老年用户面对面沟通交流,了解他们的真实需求和感受。

设计团队应及时分析和总结用户反馈,以发现产品存在的问题和不足之处。针对不同的反馈意见,设计团队可以进行分类和归纳,找出其中的共性问题,确定优先改进的方向和重点。这需要设计团队具有敏锐的洞察力和分析能力,能够从用户反馈中挖掘出有价值的信息。

设计团队应根据用户反馈不断进行产品优化和改进。可以采取迭代式的设计方法,逐步完善产品功能和界面设计,解决老年用户在使用过程中遇到的问题和困难。同时,设计团队还可以结合最新的技术和用户体验研究成果,不断提升产品的易用性和用户满意度。

持续改进需要设计团队保持与用户的密切联系和沟通。除了收集用户反馈外,设计团队还应积极参与老年用户的日常生活,了解他们的真实需求和体验,从而更加贴近用户,以深入了解他们的使用场景和情境,为产品的持续改进提供更有针对性的方向和策略。

通过建立有效的反馈机制、及时分析用户反馈、不断优化产品设计,设计团队可以不断提升产品的易用性和用户满意度,为老年用户提供更加优质的使用体验,确保适老化产品在设计和开发过程中更加贴合老年用户的实际需求,从而在目标市场中获得更好的表现。

三、可访问性和可用性

增强产品的可访问性,例如通过调整字体大小、颜色对比度以及音量等,以适应老年人可能面临的视力、听力下降等生理变化,是适老化产品设计与开发的一项重要策略。同时,设计时应考虑产品的可用性,确保握持、操作等方面适合老年人的生理状况。

(一)界面设计简化

1.直观的用户界面　创建直观、清晰的用户界面,避免复杂的菜单和过多的选项,确保用户能快速找到他们需要的功能。

2.大字体和高对比度显示　使用大号字体和高对比度的颜色方案,以提高可读性,特别是针对视力下降的用户。

(二)功能精简

1.核心功能突出　设计集中于最常用的核心功能,避免添加过多次要或很少使用的功能。

2.分步引导　如果必须进行复杂操作,提供分步引导,通过简单的步骤逐步引导用户完成任务。

(三)物理设计考虑

1.易于操作的物理设计　对于需要物理操作的产品(如遥控器、健身器材),确保按钮大小适中、易于按压,把手易于握持。

2.触觉反馈　在按钮和其他控制装置上提供适当的触觉反馈,帮助用户确认操作。

(四)清晰的指示和反馈

1.明确的指示　提供清晰的操作指示,帮助用户理解如何使用产品。

2.即时反馈　当用户操作时,提供即时的视觉或听觉反馈,确认他们的操作已被系统识别。

(五)个性化设置

1.自定义选项　允许用户根据自己的需求和偏好自定义设置,如调整字体大小、声音大小或界面布局。

2.记忆用户偏好　通过设计,使产品能够记忆用户的设置和偏好,避免每次使用时都需要重新设置。

(六)用户测试与反馈

1.实际用户测试　通过真实的产品测试,收集老年用户关于产品可访问性的反馈。

2.持续改进　根据用户反馈不断优化产品设计,使操作更加简便和直观。

通过这些策略,可以确保适老化产品在设计和开发过程中更加贴合老年用户的实际需求,提高产品的可访问性和可用性,从而在目标市场中获得更好的表现。

四、安全性和舒适性

产品设计时应考虑到老年人使用的安全性和舒适性,避免采用可能导致摔倒或其他意外的材料或形状,同时提供必要的支持和保护。

在生活娱乐类适老化产品的设计与开发中,确保产品的安全性和舒适性是非常重要的。这一策略有助于保护用户免受伤害,并确保他们在使用产品时感到舒适。以下是实施这些策略的关键方面。

(一)安全性策略

1.减少伤害风险　确保产品设计没有尖锐边缘或容易导致用户绊倒的部分。对于需要插电的产品,确保有防电击和过热保护措施。

2.稳定性和耐用性　产品设计时应考虑稳定性,确保其不会在正常使用时倾倒或损坏。使用耐用的高质量材料,以延长使用寿命。

3.紧急安全功能　电子产品应集成紧急呼叫或警报系统,并提供清晰的安全指引和操作说明,特别是对于可能存在风险的产品。

(二)舒适性策略

1.符合人体工程学设计　根据老年用户的身体条件,设计具有易于握持的手柄、适合老年人握力和手部灵活性的按钮等的产品,同时应考虑长时间使用的舒适性,如设计可调节座椅的软硬程度和高度。

2.减轻身体负担　设计产品时应考虑减少使用所需的身体力量和精确度支持,特别是用到手部或眼部力量时。对于需要长时间站立或坐着使用的产品,确保它们能够支撑良好的姿势。

3.适应性和个性化　提供多种配置选项,允许用户根据自己的身体条件和舒适需求进行调整。设计应考虑到不同用户的身体差异,如身高、体重和力量水平等的不同。

4.减少认知压力　使操作过程直观易懂,减少用户在理解产品使用上的压力和困难。提供清晰的指示和反馈,帮助用户正确使用产品,增强使用信心。

通过采取这些安全性和舒适性策略,可以确保适老化产品更好地适应老年用户的特殊需求,提供安全、舒适的使用体验,从而提高产品的接受度和用户满意度。

五、功能定位

精确定义产品的功能,避免过度复杂化。基于老年人的实际需求,提供他们真正需要和会使用的功能。在生活娱乐类适老化产品的设计与开发中,功能定位策略是至关重要的,这一策略涉及明确产品的主要用途和目标用户群体,确保产品功能直接对应于老年用户的具体需求。以下是实施功能定位策略的关键方面。

(一)明确和集中的功能

1.核心需求分析　深入研究老年用户的核心需求和日常生活挑战,确定产品需解决的主要问题。避免添加不必要的功能,以减少复杂性和潜在的用户困惑。

2.特定用户群体定位　明确产品的目标用户群体,如注重健康监测的老年人、寻求社交互动的老年人或需要生活辅助的老年人。根据这些用户群体的具体需求和偏好来设计产品功能。

(二)易于理解和使用

1.直观的操作逻辑　设计简单直观的操作流程,使用户能够轻松理解如何使用产品。提供清晰的使用指导和帮助文档,尤其是对于包含新技术的产品。

2.用户友好的界面　对于包含数字界面的产品,确保界面设计简洁、易于导航,避免信息过载。使用大字体、明确的图标和高对比度的颜色方案,提高可读性。

(三)持续的用户反馈和迭代

1.收集用户反馈　定期收集和分析用户反馈,以评估产品的实际使用效果。鼓励用户分享他们的使用体验,以及遇到的问题和改进建议。

2.基于反馈的产品迭代　根据用户反馈调整和优化产品功能。保持产品的适应性和灵活性,以应对老年用户需求的变化。

通过这些功能定位策略,可以确保适老化产品在设计和开发过程中紧密贴合老年用户的具体需求,提供实际价值,改善生活质量。

六、持续迭代和用户反馈

产品设计和开发过程中要持续收集用户反馈,并根据反馈进行迭代和改进。创建产品原型后要进行用户测试,确保其在真实场景中的表现符合预期,并根据测试结果不断优化。

在生活娱乐类适老化产品的设计与开发中,采用持续迭代和用户反馈的策略是至关重要的,这种策略能够确保产品不断适应和满足老年用户变化的需求。以下是实施这些策略的关键方面。

(一)持续迭代策略

1.灵活的设计框架　开发产品时采用灵活的设计框架,允许快速迭代和修改。设计时考虑未来可能出现的技术升级和功能增加情况。

2.数据驱动的决策　收集和分析用户使用数据,以指导产品的改进和迭代。利用数据洞察来发现用户行为模式和偏好,以及需要优化的领域。

(二)用户反馈策略

1.主动收集反馈　定期向用户发放问卷,调查并收集他们对产品的满意度和改进建议。通过用户访谈、用户群组或社交媒体平台等渠道主动收集用户反馈。

2.建立反馈渠道　设立专门的反馈渠道,如客户服务热线、电子邮件支持或在线反馈表单,鼓励用户通过这些渠道分享他们的使用体验和问题。

(三)反馈分析和应用

1.系统化处理反馈　建立系统化的流程来处理和分析用户反馈,并将反馈转化为具体的产品改进措施。

2.迭代更新与通知　定期更新产品,并明确指出是根据用户反馈进行的改进。向用户通报更新内容和改进措施,提升用户的参与感和满意度。

通过重视用户反馈和持续迭代,适老化产品能够不断提升其适用性、易用性和功能性,以更好地服务于老年用户群体,满足他们日益变化的需求和期望。

七、合作与合规

与医疗保健专家、老年学专家、设计师和技术开发人员等进行跨学科合作，以确保产品设计的科学性和实用性。同时，确保所有产品符合相关法律法规和标准。在生活娱乐类适老化产品的设计与开发中，合作与合规策略对于确保产品的有效性、安全性和市场成功至关重要。

（一）合作策略

1.跨学科团队合作　建立一个包含设计师、工程师、医疗保健专家、老年学专家和营销专家的多学科团队。利用团队中每个成员的专业知识，全面考虑产品设计的各个方面。

2.与老年用户合作　与目标用户群体合作，通过用户参与的设计方法（如共创工作坊）直接收集他们的反馈和建议。在设计过程中定期邀请老年用户进行产品测试和评估。

3.行业合作　与医疗保健机构、老年关怀组织、科研机构等合作，以获得更多关于老年人需求的洞见。寻求与其他企业的合作关系，如寻找技术供应商或分销商，以扩大资源和市场覆盖面。

（二）合规策略

1.遵守法规和标准　了解并遵守与产品相关的所有法律、法规和行业标准，如欧盟的 CE 标记、美国的 FDA 规定等。定期监控法律法规的变化，确保产品始终符合最新的规范要求。

2.产品安全和质量控制　实施严格的产品安全和质量控制措施，确保产品不会对用户造成伤害。定期进行产品安全测试和质量审核，以保持其高标准。

3.隐私和数据保护　如果产品涉及用户数据的收集和处理，确保符合数据保护法规，如欧盟的通用数据保护条例（General Data Protection Regulation，GDPR）。实施强有力的数据安全措施，保护用户的隐私和信息安全。

通过实施合作与合规策略，适老化产品的设计与开发不仅能够更好地满足老年用户的需求和期望，还能确保产品的合法性、安全性和良好的市场竞争力。这些策略有助于建立用户信任度，提高品牌声誉，并确保长期的市场成功。

第三节　产品应用及反馈评价

产品应用及
反馈评价

一、试点测试

在生活娱乐类适老化产品设计与开发的过程中，试点测试是一项至关重要的步骤，它对于确保产品的质量、功能性和用户体验至关重要。试点测试通常在产品开发的后

期阶段进行,目的是在真实的使用环境中评估产品的性能。在这一阶段,选定的目标用户群体将在日常生活中使用产品,并提供实际使用情况的反馈。这些反馈涵盖了产品的易用性、功能性、安全性以及对用户生活的实际影响等多个方面。通过分析这些反馈,开发团队能够识别和解决产品中可能存在的问题,优化产品设计,提高产品的市场适应性和用户满意度。试点测试不仅帮助产品在大规模推向市场前确保能够满足老年用户的特定需求,也是产品持续改进和创新的重要环节。

二、用户反馈收集

在生活娱乐类适老化产品的设计与开发过程中,用户反馈收集是一个关键环节,它对于优化产品设计、提高用户满意度和确保产品成功至关重要。有效的用户反馈收集涉及多种方法和渠道。首先,可以通过问卷调查、用户访谈和焦点小组讨论来直接从目标老年用户那里获得反馈,这些方法有助于深入了解用户对产品的使用体验、喜好、遇到的挑战以及改进建议。其次,对于带有智能功能的产品,可以利用内置的数据收集工具来追踪和分析用户的使用行为和模式。此外,社交媒体平台和在线论坛也是收集用户意见的有价值的渠道,可以提供更广泛的观点和反馈。收集到的用户反馈应被系统地分析和整合,以便在产品的后续迭代和优化中加以利用。最终,这些反馈将有助于确保适老化产品更好地满足老年用户的实际需求和期望,从而提升其市场表现和用户的使用满意度。

三、数据分析

在生活娱乐类适老化产品的设计与开发过程中,数据分析在产品应用及反馈评价方面扮演着至关重要的角色。数据分析主要涉及收集和解读用户互动数据,以评估产品的实际使用效果,并指导未来的产品改进。首先,通过追踪和分析用户的使用模式、频率以及他们与产品互动的方式,可以洞察产品的哪些功能受到欢迎,哪些功能可能需要改进。其次,数据分析还包括对用户反馈、评论和评级的系统性评估,这有助于揭示影响用户满意度的关键因素和潜在的问题。此外,通过利用先进的数据分析技术,如机器学习算法,可以识别用户行为中的模式和趋势,预测用户需求,从而为产品迭代提供更深层次的洞见。综合这些数据分析结果,开发团队能够做出更加精准的决策,优化产品设计,提高产品的市场竞争力,并更好地满足老年用户的需求。

四、案例研究与故事分享

在生活娱乐类适老化产品的设计与开发中,案例研究和故事分享是收集和评估产品应用及反馈的重要手段。这种方法是通过深入分析特定用户的使用经历或用户群体如何使用产品,然后将这些经验转化为具体的案例和故事实现的。通过案例研究,开发团队可以详细了解产品在实际生活中的应用,包括用户是如何适应和使用这些产品的,以及产品对他们日常生活的具体影响。这些研究有助于揭示产品设计的优势和潜在不足，从而为未来的改进提供宝贵的建议。

同时，故事分享作为一种更加生动和直观的方式，可以增强团队对用户体验的理解。用户的亲身故事和经验分享能够揭示产品如何满足他们的具体需求、改善他们的生活质量，或解决特定的挑战。此外，这些故事对于市场营销和推广也极为有用，因为它们能够展示产品在真实场景中的应用，从而激发潜在客户的兴趣和信任。

通过结合案例研究和故事分享，适老化产品的开发团队不仅能够获得深入的用户洞察，还能够与用户有效地沟通产品价值，从而在目标市场中建立更强的品牌影响力。

五、性能跟踪

在生活娱乐类适老化产品的设计与开发过程中，性能跟踪是确保产品质量和效能的关键环节。性能跟踪涉及定期评估和监控产品在实际使用环境中的表现，包括其耐用性、可靠性、用户互动和满意度等方面。通过性能跟踪，开发团队可以及时发现并解决产品存在的问题，确保产品持续满足老年用户的需求和期望。

性能跟踪通常包括收集用户使用数据及反馈、进行产品维护和升级，以及定期检查产品的硬件和软件方面的完整性。例如，对于智能设备，可以远程监控其操作系统的性能，收集反馈信息和使用频率数据。对于非电子产品，性能跟踪可能涉及用户反馈调查和实物检查，以确保产品结构的稳固和使用的耐久性。

此外，用户满意度和反馈也是性能跟踪的重要组成部分。通过定期向用户询问产品的使用体验和改进建议，开发团队能够获得宝贵的一手信息，从而指导产品后续的改进和优化。整体而言，性能跟踪不仅有助于提高产品质量，优化用户体验，还能够增强用户对品牌的信任和忠诚度。

六、合作与交流

在生活娱乐类适老化产品的设计与开发过程中，合作与交流对于产品的应用及反馈评价具有重要意义。这个过程涉及与各方利益相关者，包括最终用户、行业专家、医疗保健专业人士、市场研究人员和销售团队等的持续沟通和合作。通过这种合作与交流，开发团队能够获得多维度视角下深入的见解，从而更全面地理解产品在实际应用中的表现以及用户的真实需求。

例如，与老年用户的直接交流可以揭示产品在日常使用中的实际效果和潜在可改进的领域；与医疗保健专业人士的合作则有助于确保产品设计考虑到老年人的健康和安全需求；与市场研究人员的合作可以获得有关市场趋势和竞争环境的宝贵信息；而与销售团队的交流则有助于理解产品的市场反馈和用户偏好。

此外，这种合作与交流还包括参与行业会议或研讨会、加入专业组织和论坛，以及与其他公司或组织的合作,这些都是收集反馈、分享经验和获取新知识的重要途径。总之,通过有效的合作与交流,适老化产品的设计不仅能够更贴近用户需求,还能促进知识共享,加速产品创新,从而提高产品的市场竞争力和用户满意度。

七、服务与支持

在生活娱乐类适老化产品的设计与开发中,提供有效的服务与支持对于产品应用及反馈评价至关重要。这不仅有助于提升用户体验,还能确保用户在使用过程中获得必要的帮助和指导,从而增强用户对产品的满意度和忠诚度。服务与支持策略应包括以下几个方面。

1.明确的使用指南　提供清晰、易于理解的使用说明,帮助老年用户正确、安全地使用产品。这些指南应考虑到老年用户的特定需求,如使用大字体、简洁的语言和直观的图解。

2.易于获取的技术支持　建立一个容易访问的技术支持系统,比如设立客服热线、在线聊天支持或电子邮件反馈渠道,确保用户在遇到问题时能够迅速得到帮助。

3.定期的维护和更新　对于需要维护或更新的产品,提供定期服务,以确保产品的持续性能和安全性。这可能包括软件更新、硬件检查或性能优化。

4.用户反馈机制　设立一个反馈机制,鼓励用户分享他们的使用体验和建议。这种反馈不仅有利于产品的持续改进,还能让用户感到他们的意见被重视。

5.培训和教育　对于一些较为复杂的产品,提供用户培训和教育资源,如在线教程、用户研讨会或互动指导,帮助用户更好地理解和使用产品。

通过这些策略,开发团队不仅能够更好地了解产品在实际应用中的表现,还能够基于用户的真实体验不断优化和改进产品,确保产品能够真正满足老年用户的需求,并提高他们的生活质量。

第四节　设计案例解析

一、智能健康手表

设计案例解析

针对老年人的需求,可提供一种易于使用的健康监控工具,旨在帮助他们管理自己的健康状况,如监测心率、追踪步数和分析睡眠质量等,从而更好地关注和维护自己的健康。

在开发策略方面,设计团队将老年人的特殊需求考虑在内,采用了大字体、高对比度的屏幕,以及简单直观的界面,以适应老年人可能存在的视力和手部灵活性限制。这样的设计使得老年用户能够更轻松地阅读和操作设备,提高了产品的易用性和可访问性。

市场反馈显示,这类产品受到了用户的广泛欢迎,特别是其紧急求助功能。然而,一些用户也提出了改进建议,例如要求提供更长的电池使用寿命以及更精准的健康数据监测。这些反馈为产品改进提供了有价值的参考，未来开发团队可以继续改进产品，以更好地满足用户的需求，提高产品的整体性能和用户体验。

二、易用型智能手机

针对老年人的身体限制，可提供一款易用型智能手机，以满足他们的基本通信和娱乐需求，同时保持操作的简便性。这意味着产品设计需要考虑到老年人的特殊需求和使用习惯，以确保他们能够轻松地使用手机进行各项操作。

在开发策略方面，关注触摸屏的反应灵敏度是至关重要的。考虑到老年用户手指灵活性的降低，确保触摸屏能够准确响应操作有助于提高用户体验。同时，采用更大的图标和文字，简化菜单和操作步骤也是重要的考虑因素，以降低老年用户的学习和使用难度。

市场反馈显示，这类产品已经成功满足了老年人对智能手机基本需求的期待。然而，一些用户提出应增加更多老年人常用功能的建议，如健康管理或紧急联系人设置等。这表明在未来的产品改进中，需要进一步考虑整合更多针对老年人的实用功能，以提升产品的全面性和实用性，从而更好地满足用户的需求。

三、适老化电子书阅读器

针对老年读者的阅读需求，设计应着重于提供舒适的电子阅读体验。这一理念的关键在于产品设计支持调节字体大小和背景亮度等功能，这样老年读者可以根据自己的喜好和视力状况来自定义阅读界面，提高阅读舒适度。

在开发策略上，采用护眼屏幕是重要的考虑因素，旨在减少老年读者长时间阅读后可能出现的眼部疲劳问题。同时，设计简单易用的用户界面也是必要的，以方便老年人轻松浏览和购买电子书籍，降低使用难度，提升用户体验。

市场反馈方面，老年读者普遍对阅读体验表示满意，这表明设计理念和开发策略的初步成功。然而，一些用户提出了增加语音朗读功能的建议，以满足视力不佳老年人的需求。这意味着在未来的产品改进中可能需要考虑整合更多辅助功能，以进一步提高产品的可访问性和用户满意度。

四、互动式健身器材

设计一款专注于改善老年人身体状况的适老化产品是至关重要的，可提供低强度、易于使用的健身器材，如步行机和固定自行车等，帮助老年人进行安全有效的健身活动，同时在一定程度上降低自由运动带来的风险，满足老年人对健康的追求。

在开发策略方面，安全性是首要考虑的因素。设备的设计应该注重保证用户安全，例如增加扶手、采用防滑踏板等，以降低老年人在使用过程中发生意外的可能。同时，集成简单的健身监测系统也是一项重要的举措，如显示心率和消耗的卡路里，以帮助老年用户更好地掌握自己的运动情况,保障健身过程的安全和有效。

在市场反馈方面,这些健身设备受到老年人的欢迎,特别是那些希望在家中进行安全健身的用户,他们对这些低强度、易于使用的器材表示满意。然而,也有一些用户反馈希望设备能够增加更多的互动娱乐功能,这表明设计还有进一步改进和创新的空间,以满足老年用户日益增长的需求。

通过这些案例解析,可以看出适老化产品的设计需要综合考虑老年人的生理特点、技术接受度和实际需求。产品开发应以用户为中心,不断迭代优化,以满足老年人群体的多样化需求。同时,对市场反馈的及时响应和产品改进也是设计成功的关键。

🄲 案例分析

上海市奉贤区老年大学

奉贤区老年大学是一个民生项目,从选址到方案设计上,都综合考虑了老年群体的需求。该老年大学位于江海路的原奉贤中医院地块,地理位置优越。

在整体设计方案里,老年大学的建筑平面力求平和,规避凹凸不平的奇特造型。整栋建筑由八个平层、东西两幢构成,每两层中间有一个小挑空的电梯厅。

在功能空间设计方面,除了普通教室以外,还有舞厅、剧场、书场、阶梯教室、大会议室、健身房、中庭等空间,满足了老年群体的多样化文娱需求。在此基础之上,建筑空间都十分高挑、开阔,并且无柱。

建筑的外观是典雅的装饰风格,拱窗、带线角的倒角阳台、拱门、中庭两侧深邃的窗洞,都是在努力回避冰冷的现代主义,呈现出一种温情。

【分析】

1. 在老年大学的功能空间设计中,如何确保各种活动场所的无障碍性,以满足老年人可能存在的行动不便或者使用轮椅需求?

2. 舞厅、剧场等娱乐场所的设计是否考虑到老年人的听力和视力特点?是否有采取特殊的声学设计和照明设计来提升老年人的舒适度和体验?

3. 在建筑空间的设计中,如何平衡高挑的空间感和老年人可能存在的安全感需求?是否有考虑到老年人可能会对过高或过开阔的空间感到不适?

4. 外观装饰风格是否考虑到老年人对于建筑环境的舒适感和熟悉感需求?是否有采取温馨、亲切的设计元素来增强老年人对于建筑的归属感?

5. 中庭和大会议室等公共空间的设计是否考虑到老年人社交互动的需求?是否有提供舒适的休息区域和方便的交流设施,以促进老年人之间的交流和互动?

复习思考题

1. 生活娱乐类适老化产品的设计考虑了老年人的哪些生理特点和认知能力？

2. 产品设计应如何考虑老年用户可能存在的视力和听力障碍？请具体分析。

3. 产品提供了多样化的娱乐功能，请具体说明什么样的设计可以更好地满足老年人的兴趣和需求？

参考文献

[1] 林南.社会资本：关于社会结构与行动的理论[M].张磊,译.上海：上海人民出版社,2004.

[2] 亚当斯.赋权、参与和社会工作[M].汪冬冬,译.上海：华东理工大学出版社,2013.

[3] 董玉妹,董华.面向老龄化社会的包容性设计赋能：能力和权力向度[J].创意与设计,2021(2):96-104.

[4] 董玉妹,甘为,董华.面向老龄化社会的产品服务系统设计赋能[J].包装工程,2021,42(8):109-114+147.

[5] 董玉妹,刘胧,董华.积极老龄化视角下的设计赋能方式探究：基于"手段—目的链"的案例研究[J].装饰,2021(2):92-97.

[6] 胡文静,李梦涵,王晓珊,等."银色浪潮"下的老年人新媒介素养分析[J].东南传播,2019(2):111-113.

[7] 李杰,李叶,董玉妹.董玉妹：适老化设计要尊重老年人的能力,服务于老年人的意志[J].设计.2023,36(20):46-49.

[8] 曼奇尼.设计,在人人设计的时代：社会创新设计导论[M].钟芳,马谨,译.北京：电子工业出版社,2016.

[9] 王瑞鸿.人类行为与社会环境[M].2版.上海：华东理工大学出版社,2007.

（祖宇）

第八章

适老化产品创新挖掘与设计

学习目标

- 知识目标

  1. 阐述文献调研的策略和证据评价；

  2. 描述产品设计的理念；说出医疗器械的定义。

- 能力目标

  1. 根据所学知识，分析适老化产品设计的共性要点和个性特征；

  2. 根据所学知识，树立知识产权保护意识。

- 素质目标

  培养不断探索、勇于创新的精神；提升适老化产品的设计技能。

第一节　产品谱系与调研定位

文献调研方案的设计

　　产品创新设计者在策划构思一个设计方案时，不仅要考虑满足特殊人群以及特定场景的应用需求，更重要的是应考虑当使用技术手段解决了一个当下存在的临床问题时，是否又会产生其他更多的新问题，从而造成使用者体验不佳。比如，研究者在设计呼吸功能康复训练工具时，不能仅考虑如何让使用者做出正确的一呼、一吸的动作，更要解决使用者呼吸功能康复训练依从性不佳的问题。如何通过技术手段让使用者增强主动康复训练的意识，从而提高依从性，以及如何基于呼吸功能初始状态评估，来设计呼吸康复训练处方，并指导使用者以更标准的动作来提高康复训练效果，显得特别重要。因此，适老化产品的设计定位不仅要考虑满足健康老年人的需求，还需要满足残疾、失智、失能、失明、听障、独居等老年群体的特定需要。针对产品设计，除了安全性和有效性以外，设计者还要结合产品的外观、造型、体积、个体使用习惯以及应用心理等多元素开展研发设计。

　　总之，从多维度视角来定位一个产品的设计调研方案，是决定一个产品未来是否有生命力的重要因素。在产品调研与定位上需要从以下几个方面来进行设计。

一、产品谱系

设计一个具有良好用户体验的产品,首先需要有创新的设计理念,其次是要有严谨的文献调研策略和产品设计的最佳证据支持。比如,对于跌倒防护产品的设计,首先考虑跌倒可能是由于路面湿滑所引起的,其次也有可能是跌倒者的体力不支、疲乏,或者外力因素导致。不同因素导致的跌倒,人体的姿态和接触地面的部位也会不同。因此,构思技术方案时,就要根据多场景的应用来设计系列产品,这样才能最大程度地满足用户需求。

二、调研定位

(一)文献调研

文献检索和查新要秉持有证、查证、用证的原则。当前技术的发展日新月异,互联网上的信息量浩如烟海。在如此庞大的信息量中不可避免地也充斥着大量无用,甚至虚假的信息。因此,对于设计者而言,在进行检索和查新前必须制定一个高效的检索策略,并运用方法学和逻辑学的技能,才能在海量的信息中,用科学的方法,在最短的时间里找到自己所需要的文献,从而为科研设计提供循证支持。首先可以按照图表作业的方式来绘制一个检索计划表,如图 8-1。

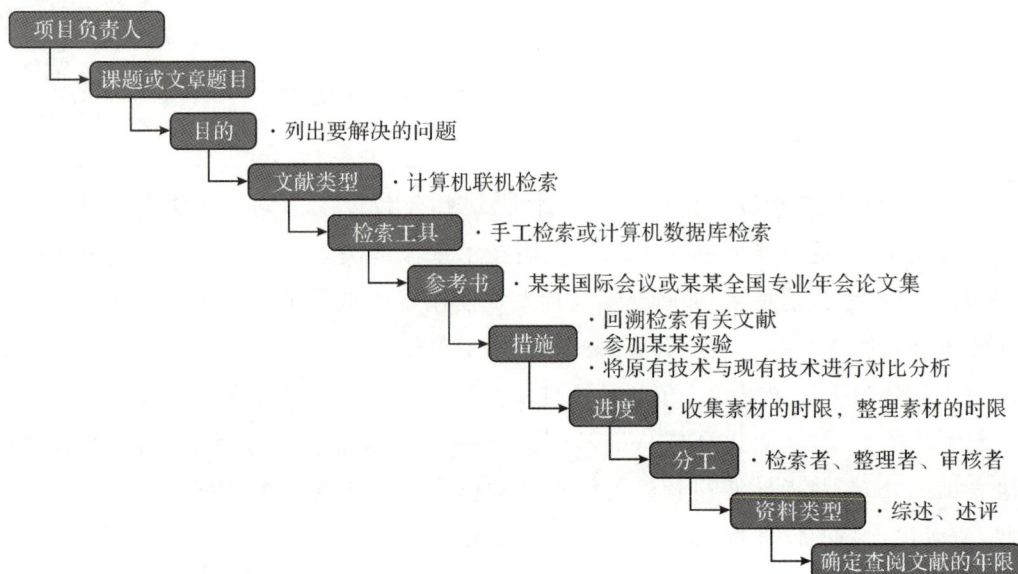

图 8-1　检索计划

根据检索策略,我们可以通过维普、万方、中国知网、Medline、PubMed、中国专利公报等多个数据库的资料,以及国家药品监督管理局关于进口和国产医疗器械注册的要求来进行系统性的检索。

　　检索的目的不仅是要达成查全、查准的预期，更重要的是检索者要对通过系统性检索所获得的信息进行深度解读和甄别。一项创新设计不可能解决所有的问题，而通常是在解决部分现有问题的同时，也会因某些设计和技术的局限，或多或少地带来一些新的问题。因此，针对文献证据开展基于临床应用场景的循证和验证就显得特别重要，如果检索者能从中捕捉到有用的信息，无疑会给临床的持续质量改进和优化设计带来新的契机。比如，检索者以"适老化创新设计"为主题词，再通过输入与研发特征相关的关键词，检索到了关于预防老年患者跌倒的多篇文献。通过解读现有文献发现，目前应对老年患者跌倒的措施多限于跌倒风险等级的评估，以及相对应的预防跌倒安全宣教对策。这些研究成果从理论上讲应该有效，然而在临床实践中，其真正的效果却非常有限。预防跌倒的评估和宣教在临床护理过程中是一项重要的护理内容，但临床评估时往往会受到很多干扰因素的影响，评估结果与实际发生的跌倒情况可能有较大的差异。比如，评估结果会受到患者是否服用药物、休息后是否恢复体能、是否受到环境或精神刺激导致血糖和血压发生应激性改变、是否对疾病有过多的担忧等多重因素的影响。其次，还存在患者对预防跌倒宣教措施依从性欠佳的问题。每个人对于外部信息的接收到重现，再到最终践行，都存在着一个"遗忘曲线"的轨迹，即大脑接收信息后，随着时间推移，记忆会逐渐减弱，如果初始的信息没有持续地被重复提及，客观上就会因信息丢失导致依从性降低，从而增加了跌倒的风险。因此，若要进一步提高宣教依从性，就必须要高强度、高频率地宣教，但这在临床实践中因为人力资源受限等问题很难推行。从每年国家护理质量数据平台收集的跌倒不良事件报告数据中可以判断，要降低因跌倒所致的一系列并发症，如致残率和死亡率，仅仅依赖于评估与宣教是远远不够的。在检索查新活动中必须摒弃单纯检索"评估"与"宣教"的固定思维，尝试调整检索策略，增加"跌倒辅助安全工具"，或系列工具设计的关键词进行外延性检索，甚至引入智能化工具等关键词来进行深度文献检索，实现查全、查准的预期目标。以这种方式来构思老年患者在各种场景下跌倒的系统性预防，以及跌倒防护工具研发设计方案，是设计者秉承持续质量改进和优化创新设计的重要体现。

（二）文献管理

　　文献检索后，可以按照研究方法的不同对文献进行分类管理。可按照随机对照试验研究、回顾性病例总结、横断面调查、个案病例报告及质性研究等文献类别进行分类标注。比如，本次检索中有多少篇文献被列为随机对照试验，并更具体地描述了随机方法？若是盲法研究类文献，则该研究者对实验组和对照组的一般情况都做了哪些对比？给出了哪些统计学分析结果？统计的策略又是什么？是否客观地描述了相关的副作用？是否有持续质量改进的具体措施和建议？在对检索的文献进行解读前，对文献进行分类管理是很有必要的，这样能提高后续的阅读效率。

（三）文献解读与评价

如何正确解读和评价文献的价值，通常是设计者从事科研设计所面临的一项严峻挑战。评价文献价值的标准有很多，只能借鉴，不能盲从。现实中有很多重要的线索和发现、发明，往往源自蛛丝马迹。要从文献中找到创新点，务必遵循因果、逻辑规律。

评价文献的价值，设计者不能只解读该文献有哪些重大突破、解决了哪些现有问题，更应该基于批判性思维来解读该文献的研究成果在解决现有问题的基础上，会不会引发新的问题，这样创新点和延续研究的题材才能被挖掘出来。文献评价的价值在于发现问题、解决问题，而不是为了解决一个小问题而引发更多大问题。例如，PICC护理过程中出现导管相关性感染的问题时，管理者通常会急于寻找感染源来进行持续的质量改进，但经过一系列的文献检索和循证研究，发现护理单元在硬件环境、操作流程、消毒隔离以及导管的材质、规格、型号等诸多环节与文献报道和描述的基本一致，唯一不同的是感染率高于文献报道。这样的结果确实让人很困惑，因为不知道问题究竟出在哪里。

文献检索的目的是通过表象挖掘内在，探索问题的本质。以上问题中，文献报道和某护理单元出现的感染，表面看似乎没有必然关联，但若拓宽视野进行深度挖掘和循证，还是有线索值得深思。比如，已知条件为该护理单元在硬件环境、操作流程、消毒隔离以及导管的材质、规格、型号等环节与文献报道中的描述基本一致，但是进一步解读却发现，欧美人、非洲人和亚洲人在人种基因上是否存在生物相容性的差异这一问题并未有相关的对比研究。确切地说，但凡是植入导管，与皮肤组织、黏膜、血液接触，都存在着导管材质与人体组织之间的生物相容性问题。生物相容性具体涉及皮肤毒性、黏膜致敏、迟发性变态反应、致畸形、致突变、致癌等指标，其中按照产品材质与人体的接触，又可分为短时接触、中期接触、长期接触等不同的情况。假如有操作者未按说明书中的警示进行操作，过久地延长导管留置在体内的时间，就会导致生物相容性累积反应，这很有可能就是导致导管感染率增高，且极易被忽略的重要线索。从这个维度把临床问题与文献进行比对、甄别，经过缜密地循证挖掘，揭示问题真相，把临床问题转为科研问题，就是一个非常好的再度创新的研究题材。

（四）直接证据和间接证据的关联性

对检索到的文献进行分类管理，并列出与研究相关的证据，包括直接证据和间接证据，对于后续文献的解读和分析归纳，并最终得出结论至关重要。检索者在解读文献时，除了了解某一项研究成果具体解决了哪些现有的问题之外，还可以用批判性思维来审视该研究会不会给临床操作和护理带来更多新的问题，这一思考能够帮助寻找创新素材，并提供新的视野和研究起点。同时，在评价一项研究成果的价值时，还可以尝试进一步了解是否存在相反的研究结果。确切地说，这涉及直接证据和间接证据是否存在关联的科研逻辑问题,如果将直接证据和间接证据互相佐证,无疑会提高文献的查全和查准率,从而有助于获得最佳研究证据。

比如,研究者在针对一项食物中毒的案例进行现场和文献调研时,除了考虑食物本身这个直接证据以外,还可以把视野进一步扩大,关注本次事故是否存在上下游相关因素。可以关联分析本次食物中毒是否与冰箱的制冷系统失控有关,也可以考虑食物在运输途中冷链中断,或冰箱设计不当,或电压不稳定影响了冰箱制冷,最终导致食物变质。进一步推理可以假设冰箱制冷和运输冷链都没有问题,但在食物烹饪过程中厨师操作不规范导致食材变质,或后续炊具、餐具发生污染,还有可能与患者对某种食材中的蛋白质过敏有关。这样就可以把直接证据与关联的间接证据作为一个闭环来综合考虑,以排除干扰因素的影响。

在设计一项针对老年人听力下降的适老化改造方案时,同样需要有严谨的设计分析。老年人听力下降或者受损是一个比较普遍的现象,其原因有很多,研究者在设计的时候不能一味地聚焦于助听器的研发上。比如,首先需要判断听力下降或受损是单耳还是双耳。有部分老年人可能开始时仅出现单耳听力下降,而另一侧听力正常,但由于没有及时配戴助听器,使两只耳朵受力不平衡,健侧听觉神经加快受损,最终双耳听力断崖式下降。针对这样的情况,就需要设计一份健康宣教手册,在加强老年人健康体检时的听力筛查外,同步强化听神经平衡知识的认知行为宣教。还可能有因年龄增长导致的自然听力下降的问题,或长期服用某种药物产生副作用导致听神经受损,或内外耳存在感染等问题,进一步可追溯到老年人是否有居家或者随身视听设备播放音量长期超标造成听力受损的经历,以及是否有居住环境周围长期噪声超标导致听力损坏(例如重症监护室的医护人员长期受监护设备报警声影响导致听力受损)等经历。基于这样多维度、系统性的分析,才能设计出适用的、有针对性的、需求定位准确的适老化产品。

(五)文献调研策略

在一个创新产品研发的过程中,前期的调研定位至关重要。设计者研发的产品最终是否适用、有生命力,取决于调研时信息来源的渠道是否多样,以及设计者是否具有前瞻性的预期。初创研究者在独立策划一个调研方案时往往会由于经验不足,以及科研和社交资源相对匮乏,通常会依赖于一个或多个临床文献数据库来进行信息收集和文献调研。从临床文献数据库中获取必要的研发需求信息当然是一个很好的策略,有很多相关的直接或间接证据可以借鉴,但在当下学科发展和专科细分的情况下,数据库也有了相当鲜明的文献特征。因此,研究者还需要根据产品研发的定位来针对性地选择数据库以收集更多的信息进行相互佐证。这里特别要强调的是,一个有价值的调研设计方案,其价值是由研究者对逻辑和因果关系的认知决定的。比如,为了实现多渠道的研发调研信息来源,可以查阅国家知识产权局的中国专利公报数据库,在这个数据库中可以查阅到已经被授权的专利,以及已经超过法律保护期,或者因缴费逾期被宣告法律状态终止的专利信息。

　　另一个影响调研质量的是思维方式。例如,设计者要对一副康复手套的设计进行文献检索,并以此来比对自己的设计方案。当数据库中出现与设计者思路相接近的专利时,低阶思维和高阶思维可能会有截然不同的判断。低阶思维的人通常会觉得比较沮丧,因为已经有了更早的同类设计,这样的信息无疑会抵消设计初始的创新激情。如果设计者基于高阶思维"科研没有最好,只有更好"的逻辑。那么,别人先于自己有了相关研究成果并非一件坏事,而是可以用作借鉴、优化和改进自己作品设计和再创新的起点。同时,进一步拓展创新的逻辑思维进行设计循证,这个康复手套的产品属性属于医疗器械管理范畴,那必定要注册国家、省级或市属药品监督管理局的医疗器械注册证,经批准后才能上市销售。基于这样的逻辑思维,设计者就可以进一步检索国家药品监督管理局医疗器械注册证数据库(分进口和国产医疗器械两个入口)进行检索。如果系统性地检索下来,并未发现有经药品监督管理局批准上市的康复手套医疗器械注册证,那么接下来进一步的逻辑分析应该研判出这样的信息:既然几年前就有康复手套的专利被国家授权了,而且这款康复手套在临床上也属于刚需用品,为何至今尚没有被转化? 这就是一个非常好的问题。更进一步判断出来的信息是这副康复手套的设计方案应该距离临床应用还有很大的差距,这种差距可能来自产品本身的设计缺陷,也可能产品并不存在大的设计缺陷,但在材质、零部件和制作工艺等方面尚有当下无法实现的技术困境。如果我们每一位设计者都具备了这样较高的科研素养,能从蛛丝马迹中敏锐地捕捉和挖掘出创新研发的信息,再经过系统性的文献解读和分析研判,就基本可以较准确地绘制出一份相对严谨、科学和有价值的调研方案。在实操中可以基于上述路径,进一步从以下渠道来获得设计者需要的研发信息。

　　(1)从各级政府近几年的科研项目申报指南中获取开发设计的信息。从指南中可以解读出各级政府当下重点解决的具体科研攻关项目,以及针对科研攻关项目所配套的一系列政策、法规和科研资助额度。还可以以指南为线索,延伸出对相关临床各学科指南和专家共识的检索,以及指引国内外相关领域的文献查新,从而为研发设计创新产品提供依据。

　　(2)查阅各年度国内外专科学术会议,以及会议交流的最新学术动态,并收集会议论文集、壁报等信息。

　　(3)查阅国家药品监督管理局实时发布和更新的进口和国产医疗器械注册证数据库信息,以及最新批准上市或下架的医疗器械和装备清单。

　　(4)关注国家知识产权局发布的中国专利公报上有关最新被授权的各等级专利、被驳回的专利、被宣告无效的专利,以及专利权法律状态终止的公告信息。

　　(5)关注政府司法网站上关于知识产权侵权纠纷的案件和判例。

　　(6)查阅来自临床的各种不良事件报道,以及医护之间、医患之间的投诉处理记录。

（7）临床实际操作中积累经验，感知值得持续质量改进的部分。任何操作规范都可能随着新技术、新方法、新理念的出现而不断更新，而改进操作通常会催生相关配套器械和工具的创新研发。

（8）安排专家、学者访谈。科研创新的调研信息除了来源于文献数据库以外，还可以来自相关专家、学者的访谈，这些通过访谈所获得的创新信息非常宝贵。至关重要的是在访谈过程中不要带有个人喜好与偏见提问，要善于倾听，因为一款大众产品的开发既不是为了满足自己的喜好，也不是为了迎合对方的口味。这有别于私人定制，设计者一定要基于客观和理性的思维，并以满足大市场需求为目标，才能以科学的态度设计出获得市场认可的实用产品。

（9）参观全国和区域性的年度医疗装备博览会，了解最新的医疗装备、医用耗材的新技术研发动态，比如国家每年定期举办的春季和秋季医疗器械博览会。也可以通过互联网渠道关注每年一届的德国杜塞尔多夫医疗器械博览会、南美洲巴西的医疗器械博览会、中东迪拜的医疗器械博览会等会展信息。当然，研发者还可以关注各地定期举办的区域性先进医疗装备展销会信息。

（10）关注最新科研成果。任何一项科研设计都会涉及跨学科专业，比如新材料、新能源、新工艺、新技术，以及如何通过这些新技术将单一成熟的技术通过集成、融合和优化来研发新的产品。关注这些新科研成果的动态信息，对于自身的研发设计是很有益的。

通过以上信息的收集、解读和分析归纳，就可以比较清晰地了解到如何基于产品谱系来设计创新，以及确定调研定位的方向。

第二节　产品设计与开发策略

一、设计理念

产品设计方案的设计

产品设计理念是体现设计者匠心和决定产品是否具有生命力、用户是否能获得良好体验的关键因素。

比如，我国南方气候多雨，湿度比较大，老年人受环境湿度影响可能会出现关节疼痛等，基于此设计除湿机来改善居家湿度，进而减少老年患者的关节不适及其他并发症的发生是一个很好的研发思路。首先，设计者可以基于"主动健康"的理念来设计这款产品，但仅仅有这个层面的理念还远远不够。比如设计者为了提高机器除湿的效果，会增加电机的功率，但随之也会带来能耗的增加，而仅仅是能耗的增加却不一定会带来积极的效果。如果高能耗带来了低能效，就有违设计的初心了。此外，大功率的电机运行还会产生噪声，损害老年人的听力，进而触发其心理负面情绪，最终导致使用除湿机的依从性降低,这样问题似乎又回到了原点。因此,产品的设计仅仅只有一个层面的理念是远远不够的,需要设计者构建第二个层面的设计理念。那么,怎么才能构建第二个层面的设计理念呢?

第二个层面的设计理念应注重低能耗、高能效,进而优化设计第二代除湿机。实现第二个层面的设计预期是考验设计者智慧的关键,首先要考虑到环境湿度是一个动态变化的过程,只有在湿度超过人体舒适阈值的时候开机除湿才有意义,在设计中如果不兼顾这个因素就会导致高能耗、低能效的问题。比如,当使用除湿机工作两个小时后,湿度已明显下降至人体感到舒适时则无需继续运行除湿,但此时机器并不知道环境湿度已经下降,会继续运行消耗电能,而使用者同样也不知情,这就带来了过度消耗电能,同时影响电机使用寿命的问题。因此,如果不借助专用的湿度检测仪,就无法判断室内的湿度是否超标,也就没有了科学开机的依据。但如果仅按照人体的舒适程度来判断除湿标准又过于主观,也不科学,因为个体感知差异性很大。因此,在第二个层面的设计理念中需要考虑加入自动检测环境温湿度动态指数变化的新功能,以此来让机器执行开机工作的命令,这样即便是大功率电机,也不会 24 小时不间断地工作,从而实现了节能高效,极大地提升了产品的使用体验感和附加值。

基于第二个设计理念研发的产品功能较第一个设计理念有了显著的提升,但这在创新设计上还远远不够,因为除湿机工作过程中所收集的水如何处理也特别重要。这里我们可以继续借鉴社会主义核心价值观的第三个层面,即公民个人层面行为准则的理念,进一步优化产品设计。在这个案例中,增加第三个设计层面的理念就是实现智能化,且不但要设计新一代低能耗、高能效的电机,还要设计具有静音功能或者低噪声的电机来提升产品价值。具体可以在除湿机中植入智能感知环境温湿度的芯片模块,通过实时感知监测,对比标准数据来执行开机或关机的命令。这样就从根本上改变了除湿机不间断工作的运行状态,从而极大地减少了机器持续工作所产生的环境噪声,及其对使用者听力和心理情绪产生的负面影响,也对延长产品使用寿命有益。进一步的设计方案中还应考虑到,既然机器在除湿,那么就需要在机器里面附带设计一个有储水功能的水箱来收集水,而如果这个水箱仅仅是一个简单的水箱,同样会使整个设计失败。可以在设计中增加机器自动检测水箱液面是否到达警戒线这一功能,在到达警戒线后,将信号自动反馈给电控单元,电控单元在接收到此信息后自动停机,并向用户持续发出声光报警信号,提示“储水箱水量已满,需要清理”。这样基于应用场景和用户体验融合各种技术的多重设计理念,能极大地提升产品的附加值,并对慢病管理和适老化居家环境的改造提供可以借鉴的设计经验。这才是产品设计“以人为本”“用户至上”的理念,要实现这样的设计预期,需要事先有严谨的调研策略和技术论证方法,以及缜密的科学设计思维,而在创新设计中对每一个细节的忽视都会导致研发的失败。

二、产品设计

对于创新设计而言,任何一款产品的定位都与特定用户的需求密切相关。"主动健康"是针对适老化健康防护产品设计的一个较前瞻性的慢病管理理念,其内涵可以理解为,设计者可根据老年人群慢病管理的需要,来设计特定的适老化产品。如针对呼吸系统疾病设计规范化呼吸康复训练工具;为肌肉萎缩、骨骼肌肉退行性病变而导致的酸痛、僵硬等躯体症状患者设计康复训练工具;为留置血液透析导管的肾病患者和 PICC 置管患者设计预防导管滑脱、污染等的维护工具;为长期卧床或因手术临时卧床的患者设计预防皮肤压力性损伤的护理工具;为心脑血管疾病、糖尿病等慢性病患者设计居家智能血压、血糖自测医疗设备;针对跌倒、脑卒中等突发事件设计能让患者现场自救的系列化产品,以期改善老年患者的生活质量,降低慢性病转急病,急病致伤、致残和致死的发生率。

有了清晰和确切的产品设计定位,后续要考虑的是如何去实现这些预期功能。产品每一项功能的实现都需要依托严谨的结构设计,这不仅仅是指技术层面上各个部件之间如何连接,还必须特别兼顾产品结构的力学原理、机械结构布局、技术参数、验证方法、安全指标、执行标准、能耗、安装、拆卸和维修等系统性的设计要求,以及产品的整体造型、尺寸、应用心理、跨区域人群不同的使用习惯等要求。一个严谨完善的设计方案应该从以下几个方面来进行构思。

1. 外形结构设计 主要考虑操作、携带、摆放、外观、应用心理和尺寸(产品应用场景不一样,尺寸要求完全不一样),以及相应材质的环保等级、生物安全性评价这些元素。

2. 内部结构设计 主要侧重于关注产品的力学稳定性,机械、电子、线路布局所占的空间,以及各线路之间是否需要抗干扰屏蔽等因素。

3. 材质选择 材质选择在整个产品设计中是一个非常重要的环节,要综合考虑安全、耐用、耐腐蚀、抗压、抗冲击、抗摔、抗过敏、环保等级、重量和成本,以及用户购买力等元素。

4. 技术指标设计 产品的技术指标是产品设计的核心部分,因此需要非常严谨地进行循证和验证设计。通常包括外形结构的尺寸,材质的特性和参数,所有机械和电子设备、元器件的参数,通用或兼容性,以及所执行的标准等级。这里所指的标准分别以国家强制或推荐性标准、行业强制或推荐性标准和企业标准为依据。

5. 涉及电源及生物安全的技术指标设计 任何涉及电源及生物安全的产品,其技术指标均需要符合国家强制性执行标准。产品设计所涉及的电源,无论是直流电还是交流电,都必须有保障电气安全的技术参数设计,并且这些电气安全的技术指标必须分别符合 GB 9706.1—2020《医用电气设备 第 1 部分:基本安全和基本性能的通用要求》国家强制性执行标准,以及 GB/T 14710—2009《医用电器环境要求及试验方法》国家推荐性标准,安全防护等级分别按照Ⅰ类、Ⅱ类、Ⅲ类归类执行。对于使用电池类作为直流电源的产品,还需要考虑如何对电池进行防泄漏和防重金属污染等设计,以及做好电池的散热和防爆等安全措施。

如果产品是不带电源的,但使用中与人体的皮肤、黏膜、伤口直接或间接接触,则其材质就必须要有生物安全性评价指标,同时还应有无菌要求和灭菌方法等技术要求。灭菌方法分为化学灭菌和物理灭菌两大类,化学方法主要指环氧乙烷灭菌,灭菌后环氧乙烷残留量不得大于10mg/kg。生物安全评价指标包括皮肤刺激、皮肤过敏、迟发性变态反应、细胞毒性、致癌、致畸、致突变等,具体还要看产品与人体接触的部位和时间的长短来确定增加或减少生物安全性评价指标。生物安全性评价指标应符合GB/T 16886.1—2022《医疗器械生物学评价 第1部分:风险管理过程中的评价与试验》系列国家推荐性标准的要求。

6.伦理要求　医疗器械的研发过程符合伦理要求是特别重要的一个方面。伦理要求分为人体伦理和动物伦理两部分。如设计一个敷贴,依次要有这样的设计思路。首先,敷贴是贴在人体皮肤上的,与人体皮肤直接接触,还有可能与伤口、黏膜组织接触。因此,在递交人体临床验证的伦理审核申请前,还必须针对该产品的生物安全性进行验证性评价,评价的指标包括皮肤毒性、皮肤致敏性、皮肤迟发性变态反应等,而这些指标的验证就需要研发者进行动物实验才能获得。因此,临床试用前就需要先做动物实验,而动物实验前又需要先获得动物伦理的批准。在动物伦理获得批准并经动物实验验证安全的前提下,才能递交人体临床验证的申请,此外还需要附上本次临床验证的方案。

三、知识产权保护

设计者在完成方案设计和技术论证后,务必要树立知识产权保护意识,在技术方案公开前向国家知识产权局递交外观、实用新型和发明专利的申请,涉及计算机软件、操作流程、宣教手册的,无论是电子版还是纸质版都建议向国家知识产权局递交著作版权的申请。这里特别要强调的是,设计者在申请产权前,务必遵循技术未公开的原则,即申请者本人在向国家知识产权局递交申请前,没有以任何形式向公众公开过本次申请的技术方案,包括以学术会议报告、壁报、通稿、论文投稿、分发说明书、微信或邮件分享等形式公开过,若有,则按照专利法的有关规定,会被认定为"新颖性丧失"而失去专利保护的申请资格。

四、医疗器械法律法规的要求

(一)医疗器械定义

(2000年4月1日中华人民共和国国务院令第276号《医疗器械监督管理条例》第

一章第三条）

医疗器械是指单独或者组合使用于人体的仪器、设备、器具、材料或者其他物品，包括所需要的软件；其用于人体体表及体内的作用不是用药理学、免疫学或者代谢的手段获得，但是可能有这些手段参与并起一定的辅助作用；其使用旨在达到下列预期目的：

（1）对疾病的预防、诊断、治疗、监护、缓解；

（2）对损伤或者残疾的诊断、治疗、监护、缓解、补偿；

（3）对解剖或者生理过程的研究、替代、调节；

（4）妊娠控制。

（二）医疗器械的管辖

（2021年6月1日中华人民共和国国务院令第739号《医疗器械监督管理条例》第一章第三条、第四条、第五条）

国务院药品监督管理部门负责全国医疗器械监督管理工作。国务院有关部门在各自的职责范围内负责与医疗器械有关的监督管理工作。

县级以上地方人民政府应当加强对本行政区域的医疗器械监督管理工作的领导，组织协调本行政区域内的医疗器械监督管理工作以及突发事件应对工作，加强医疗器械监督管理能力建设，为医疗器械安全工作提供保障。县级以上地方人民政府负责药品监督管理的部门负责本行政区域的医疗器械监督管理工作。县级以上地方人民政府有关部门在各自的职责范围内负责与医疗器械有关的监督管理工作。

医疗器械监督管理遵循风险管理、全程管控、科学监管、社会共治的原则。

（三）医疗器械的分类

（2021年6月1日中华人民共和国国务院令第739号《医疗器械监督管理条例》第一章第六条）

国家对医疗器械按照风险程度实行分类管理。

第一类是风险程度低，实行常规管理可以保证其安全、有效的医疗器械。

第二类是具有中度风险，需要严格控制管理以保证其安全、有效的医疗器械。

第三类是具有较高风险，需要采取特别措施严格控制管理以保证其安全、有效的医疗器械。

评价医疗器械风险程度，应当考虑医疗器械的预期目的、结构特征、使用方法等因素。

国务院药品监督管理部门负责制定医疗器械的分类规则和分类目录，并根据医疗器械生产、经营、使用情况，及时对医疗器械的风险变化进行分析、评价，对分类规则和分类目录进行调整。制定、调整分类规则和分类目录，应当充分听取医疗器械注册人、备案人、生产经营企业以及使用单位、行业组织的意见，并参考国际医疗器械分类实践。医疗器械分类规则和分类目录应当向社会公布。

(四)医疗器械产品注册与备案

(2021 年 6 月 1 日中华人民共和国国务院令第 739 号《医疗器械监督管理条例》第二章第十三条至第二十九条)

第一类医疗器械实行产品备案管理,第二类、第三类医疗器械实行产品注册管理。

申请第一类医疗器械产品备案,由备案人向所在地设区的市级人民政府负责药品监督管理的部门提交备案资料。

申请第二类医疗器械产品注册,注册申请人应当向所在地省、自治区、直辖市人民政府药品监督管理部门提交注册申请资料。申请第三类医疗器械产品注册,注册申请人应当向国务院药品监督管理部门提交注册申请资料。

(五)现行主要医疗器械法规及部门规章

(1)医疗器械监督管理条例(国务院令 739 号)

(2)医疗器械注册与备案管理办法(国家市场监督管理总局令第 47 号)

(3)体外诊断试剂注册与备案管理办法(国家市场监督管理总局令第 48 号)

(4)医疗器械生产监督管理办法(国家市场监督管理总局令第 53 号)

(5)医疗器械经营监督管理办法(国家市场监督管理总局令第 54 号)

(6)医疗器械临床使用管理办法(国家卫生健康委员会令第 8 号)

(7)医疗器械不良事件监测和再评价管理办法(国家市场监督管理总局令第 1 号)

(8)医疗器械召回管理办法(国家食品药品监督管理总局令第 29 号)

(9)强制性国家标准管理办法(国家市场监督管理总局令第 25 号)

(10)国家标准管理办法(国家市场监督管理总局令第 59 号)

五、产品开发策略:智能药盒

(一)产品功能设计

产品设计需要大胆的想象和精确的推算,要始终结合实际应用场景进行系统性设计,并让设计理念贯穿其中。我们以适老化产品"智能药盒"创新设计作为实操示例,在具体的设计中就要特别兼顾到老年人这一特殊群体的年龄特征和多场景使用的需求。比如,有很多患有慢性基础疾病的老年人需要长期服药,但由于老年人通常出现记忆力减退、健忘等症状,服药依从性降低,因此,在实践中提高慢病患者的服药依从性是一个非常重要的环节。很多慢病治疗的疗效之所以不尽如人意,并非临床诊断有问题,更非治疗方案或药物疗效有问题,而是服药依从性差导致疾病症状或者进展无法得到有效控制。目前,针对提高慢病患者服药依从性的设计理念,已有相关的"智能药盒"面市,但从技术层面结合实际应用场景分析来看,如果仅仅是在普通的药盒上加装一个定时报警器,到点报警提醒患者服药,这并不能被称为"智能"药盒,其真正的应用场景远比想象的要复杂得多。比如,维持长时间待机报警状态需要耗费电力,那么一小颗电池能够维持多久?当然,也可以通过设计低电压的直流电来解决药盒供电的问题,但这样的连线供电药盒就需要有固定的摆放位置,带来的第一个问题就是报警声的传输距离受到了限制。还有更多的设计问题,例如,服药报警声传递给谁听呢?假设老年患者听力下降听不到怎么办?报警声能够传输多远距离?会不会被环境中的其他声音所掩盖,比如电视节目的声音等?再者,如何使失能、失智的老年人来响应报警声?基于这样的分析,要提高慢病患者的服药依从性,仅仅在药盒上设计一个报警提醒是远远不够的。在进一步的创新挖掘中,设计者还应该考虑到老年慢病患者中不仅有记忆力差、健忘导致漏服药物的现象,还可能在短时间内反复多次大剂量服药,导致严重的药物毒副反应。因此,在一项创新设计中设计者一定要基于实际应用场景,贯穿安全与创新的设计理念,在文献调研、技术论证、功能设计上运用全新的、系统化的设计思维。

(二)智能药盒的结构设计

设计智能药盒的产品结构首先要依据患者服药的规律,这种规律通常是按照药物说明书或医嘱的要求来执行的,比如按照早、中、晚加睡前这样的排序服药。因此,药盒的结构设计就要满足早、中、晚加睡前四个分区储存的要求。同时,还要进一步考虑到有些药物是有初始剂量医嘱的,如医嘱规定在一周或一个周期后开始递增药物剂量。因此,要考虑到药物分切的需要,这样在设计方案中,除了独立的药仓之外,还需要增加切药仓和分切刀,即设计五个药仓和附带一个切药刀这样一个整体结构。其次,要进一步考虑每个药仓的容量问题,即一次能装药物的量,如果可装3天或者更多天的药量,那每个独立的药仓内部就需要有按天分格储存的设计,并标有准确的日期或天数,如"第一天"等。

(三)设计理念

(1)提高老年人服药依从性。

(2)预防老年人在短时间内因记忆力减退、遗忘等因素而重复服药,避免不良事件的发生。

(3)通过三重提醒报警转移的智能模式,及时识别老年人是否居家发生卒中、跌倒等不良事件。

(四)智能药盒报警提醒方案设计

为了提高服药依从性,在设计报警提醒的时候,一定要基于"智能"考虑。比如,第一次服药提醒报警声响起的时候,假设持续20秒无人应答,应该自动判定该患者无法响应,此时报警声应升级为转移呼叫至家属手机上,并由家属代为执行本次服药。若升级后的报警声家属也无应答(有可能手机不在身边,或设置了"飞行模式",或处于信号很弱的环境中),则应继续升级报警程序,转移呼叫至家庭医生、社区主管医生、小区物业管理者等的手机或值班电话上。当这种报警被转为第三个程序时,则其响应者应判定老人可能发生了跌倒、卒中等意外事件,提示应即刻上门查访,以便在第一时间发现可能出现的不良事件,为后续的医疗急救争取最佳的黄金抢救时间。在进一步的优化设计方案中,不仅要考虑提醒老年人及时服药,更应考虑杜绝老年人因健忘而发生短时间内反复服药的高风险行为。因此,在药盒开启的功能设计上应有安全锁定措施,当老年人第一次执行服药动作后,短时间内若又要再次打开药盒服药,此时药盒应发出"本次服药已完成,距离下一次服药还剩××时间"的语音提醒,并让药盒始终处于关闭状态,这样就从技术上完全避免了重复服药的弊端。为了便于慢病管理与药效评估,在更优化的设计中还可以导入患者居家自测血压和血糖值的数据,并自动生成趋势曲线,便于专科医生评估药物的疗效,为临床采取最佳的药物干预方案提供决策依据。相信这样优化设计后的药盒一定能成为真正意义上的"智能药盒"。

第三节　产品应用及反馈评价

一、产品应用

任何产品的研发初衷都是为了满足使用者的最佳体验,同时尽量降低人力资源成本。因此,在设计初期不仅要有严谨的市场调研、技术论证和验证,更要注重产品样机的应用体验和评价,这样才能基于反馈持续改进质量,研发出市场需要并具有竞争力和生命力的好产品。

二、应用反馈及评价

产品应用和反馈评价是产品完善、优化设计及提升质量过程中非常重要的环节。在实施产品临床应用前,研发者必须按照国家药品监督管理局对医疗器械管理中"安全、有效"的规定,委托获得国家检测资质认证的第三方,对即将投入临床验证的样机依据相关标准和技术要求进行安全和物理性能的检测,合格后再向研发者所在单位递交伦理申请,并附上第三方安全性能检测合格报告,以及本次临床验证的实施方案,包括志愿者的知情告知书,规定纳入标准、例数、对照组、验证地点、实施者,风险评估和应急预案等详细的临床验证方案,获得批准后才能应用。

临床验证的结果是后续编写产品使用说明书的重要依据。在收集、分析、归纳临床应用反馈和评价中,除了对达成预期的结局予以肯定以外,特别要分析,哪些观察指标超出了预期,或大大超出了预期;哪些指标低于预期,或大大低于预期;其中的原因是什么,是设计缺陷,还是产品不适合特定的环境使用,或者是产品的手感或信息化操作界面不友好,又或者产品应用初期性能良好,但连续运行就出现了不稳定的情况。这些反馈信息都需要设计者及研发团队去深度解析,反省、反思、反推,以及优化改进设计后再进行二期验证。在二期验证的时候,可以采用双倍抽样检查,加强质量控制,以此来提升产品残次率被检出的概率,直到所有的指标都达到标准要求为止。

临床应用过程中要严格按照要求,如实地采集用户的反馈数据及评价意见,经专人汇总后作为产品定型、结题验收或后续量产的重要依据,所有的临床验证原始资料均应编号分类归档保存。

第四节　设计案例解析

一、智能感知坠床预警防护系统

(一)设计背景

人口老龄化是全球经济发达或发展中国家都面临的一个社会现象。在我国这样的人口大国,人口基数决定了 65 岁以上的老年人是一个庞大的群体。老年人群易患基础慢性疾病,年龄增长也易导致肌少症、骨量减少、糖尿病合并骨质疏松等,这些因素都会显著增加老年人跌倒的风险。在老年人致伤、致残和致死的报告中,跌倒坠床是导致老年人发生意外、严重影响其生活质量的一个重要因素。目前,临床上预防老年人跌倒的方式主要包括护士对跌倒的健康宣教,以及入院时的跌倒风险评估,此外还依赖于照护者的责任心,以及老年人自己对预防跌倒宣教措施的依从性。从理论上讲,宣教和评估应该是有一定效果的,但在实践中也面临一些问题。因此,依靠辅助工具或基于人工智能的预警响应工具来降低跌倒的风险,从根本上实现预防跌倒和坠床这些不良事件的发生,不失为一种更可靠的方法。本案例结合设计思路,分享技术成果。

(二)结构设计

智能感知坠床预警防护系统(以下简称防护系统)的主要结构由控制器系统总成、具有自然景观图像的星空投影灯、红外生物监测传感器、人体在床状态传感器、双侧具有预警自动升降功能的护栏(含护栏升降电机总成)等组成,其外形结构及待机状态示意如图 8-2,应用场景拦截效果示意如图 8-3、图 8-4。

在图 8-3 中,防护系统的在床状态传感器检测到人体重心接近床的边框,但判断身体尚未失去重心时,控制器控制护栏处于应急响应状态,护栏自动上升 10cm,达到阻挡人体的作用。

在图 8-4 中,防护系统的在床状态传感器检测到人体更接近床的边框,控制器判断身体有即将失去重心坠床的高风险动作,控制器控制护栏处于紧急响应状态,拦截护栏即刻自动上升至顶格,完全阻止坠床动作的发生。

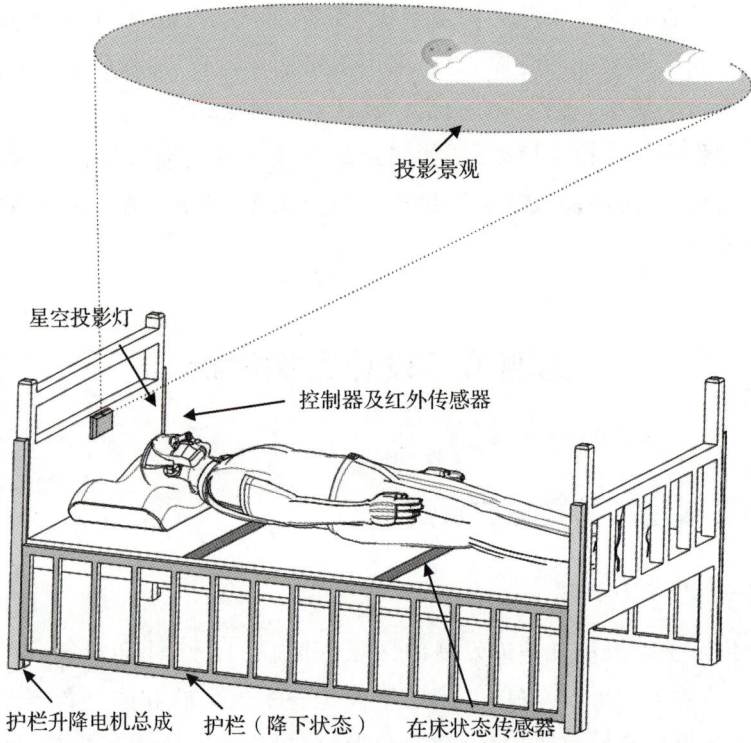

投影景观

星空投影灯

控制器及红外传感器

护栏升降电机总成　护栏（降下状态）　在床状态传感器

图 8-2　防护系统处于正常待机状态

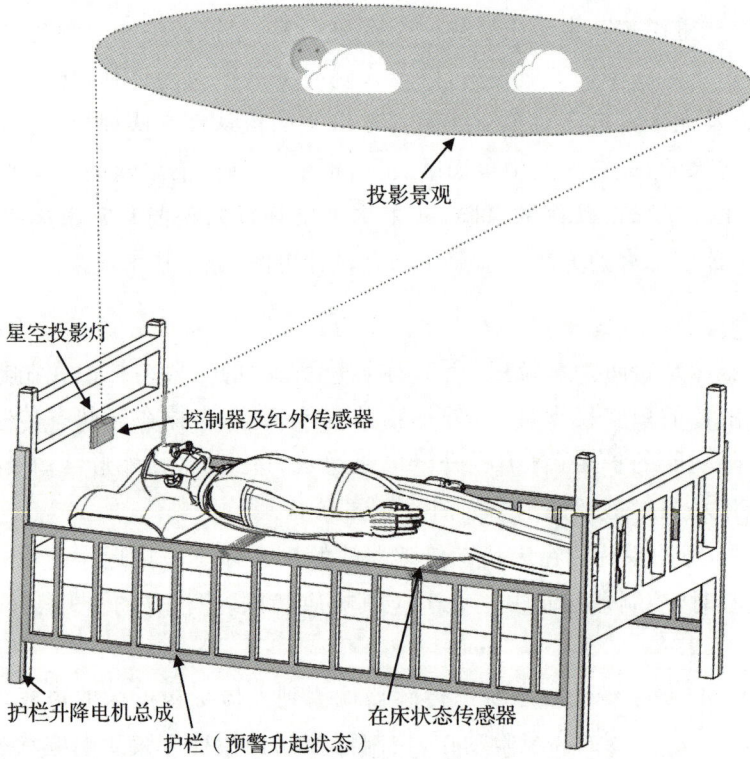

投影景观

星空投影灯

控制器及红外传感器

护栏升降电机总成

护栏（预警升起状态）　在床状态传感器

图 8-3　防护系统处于应急响应状态

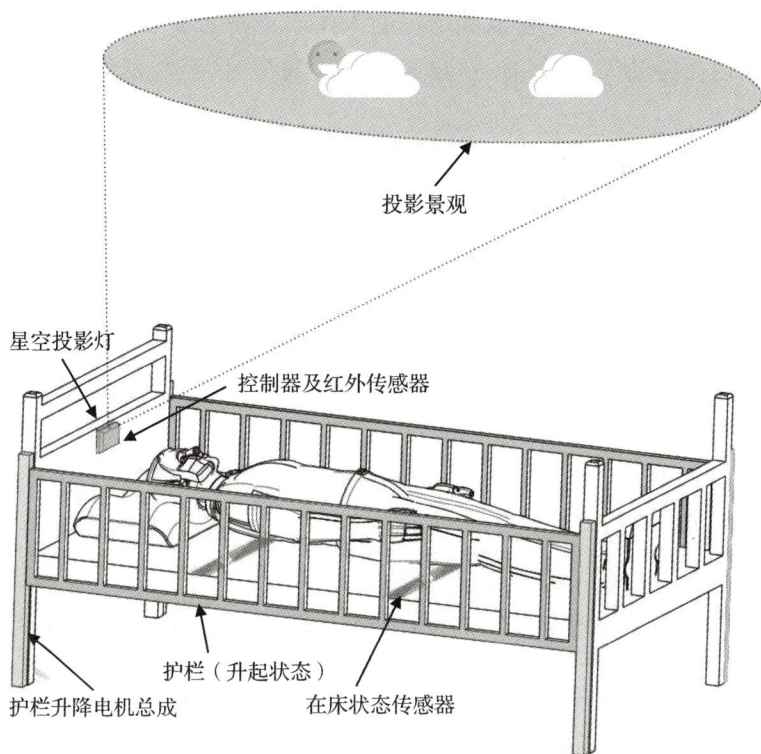

図 8-4　防护系统处于紧急响应状态

(三)设计说明

(1)防护系统具有实时监测人体在床状态的功能,会自动感知并调整设防状态。防护系统设计有三种自动识别预警拦截模式。

1)当系统检测到人体重心靠近床边框时(距离>30cm),即刻向床栏发出预警信号,床栏准备随时升起,若后续人体没有更进一步的高危动作,或者仅仅是一个翻身、侧身的动作后,又移回床的中心位置,预警信号就会解除。

2)当系统检测到人体重心有持续靠近床边框(距离≤30cm)的高危动作时,即刻向床栏发出应急响应的信号,床栏会自动升高 10cm,处于拦截阻挡状态,若后续人体没有更进一步的高危动作并回到床的中心位置时,应急响应的信号会解除,护栏自动降下。

3)当系统检测到人体更接近床的边框,并判断出身体有失去重心坠床的高风险动作时,护栏处于紧急响应状态,拦截护栏即刻启动,并自动上升至顶格,可以完全阻止坠床动作的发生。

(2)护栏采用铝合金材质,具有高度升降的功能,可通过紧固件安装在任何一种标准病床上,或采用专用连接件固定在民用床上。在床头控制器位置,采用了星空投影灯投影出合适的景观到天花板上的设计,投影的景观图像可以根据患者的需求个性化定制。

(3)红外生物监测传感器可实时监测到床上是否有人,并根据在床状态信号调整床栏状态。

（4）在床状态传感器可实时监测到床上的人体或重物的重心位置、振动强度（如翻身动作振动、肢体动作振动等）等信息，一旦超过相应阈值时，控制器将控制床栏处于对应的预警工作状态。

（5）自动升降床栏可执行系统的预警识别信号，执行预警或拦截的动作。拦截床栏在承受 60kg 的瞬间冲击力，持续 50 次的情况下，仍处于有效工作状态，不会出现变形、松动。

（6）升降的电机工作噪声不大于 45dB（A）。

（四）主要技术参数（见表 8-1）

表 8-1   主要技术参数

名称	内容
电机工作原理	步进电机，通过控制脉冲个数来控制角位移量，从而达到准确定位，可将床栏升降到指定位置
电机参数	转速 1000r/min，步距角 1.5°，24V 电压，工作噪声＜60dB，重量＜1.3kg，效率 97%
响应时间	床栏拦截响应总时长不大于 140ms
人体红外传感器	视野角度 120°，探测距离＜5m，工作电压 3V，频率 50Hz±10%，使用寿命≥10 万次，综合覆盖床范围＞97.5%
在床状态传感器	触发力 10g，压力感应范围 20g～10kg，耐久性≥100 万次，位置感应精度±3cm
无线通信	采用 IEEE802.15.4 标准的低功耗局域网协议 ZigBee 方式传输，传输距离 10～100m

（五）电气安全标准

防护系统的安全性分别符合 GB 9706.1—2020《医用电气设备 第 1 部分：基本安全和基本性能的通用要求》，以及 GB/T 14710—2009《医用电器环境要求及试验方法》国家标准的要求。

二、老年人俯卧位通气快速多体位限位摆放工具套件

（一）设计背景

老年人俯卧位通气快速多体位限位摆放工具套件

急性呼吸窘迫综合征（acute respiratory distress syndrome，ARDS）是一种以进行性呼吸困难和顽固性低氧血症为主要特征的急性呼吸衰竭疾病，常发生于感染、创伤、休克等疾病过程中，表现为肺部弥漫性炎症、呼吸系统顺应性下降、双肺浸润和肺部各种损伤等，重症死亡率＞40%。老年患者 ARDS 的发病率更高、预后更差，如早期让患者采取持续性的俯卧位通气，可显著降低 ARDS 的死亡率。医生在给患者采取俯卧位通气治疗时，需要将患者 180°翻转，使其处于俯卧体位状态。目前，临床常使用以多个软枕组合或 U 型枕重叠抬高患者的方法，无法实现辅助患者改变体位。俯卧位通气时需要用特殊的支撑工具来帮助患者保持俯卧体位，同时要确保俯卧体位下鼻导管、气管插管、吸氧管、颈部的 CVC 导管、腹部的多路引流管、胸腹部的心电监护导线、导尿管等管路保持通畅，不压扁、不扭曲折返、不拉脱。因此，设计一种既能保证规范体位、有效通气，又便于

协助患者翻身、预防压力性损伤，且能确保留置管路畅通的工具，将能显著提高护理安全。

(二)结构设计

老年人俯卧位通气快速多体位限位摆放工具套件的主要结构由头部独立气垫、胸腹部独立气垫、大腿(髋部)独立气垫、小腿(脚踝)独立气垫及固定环连接扣等组成。外形结构见图8-5。

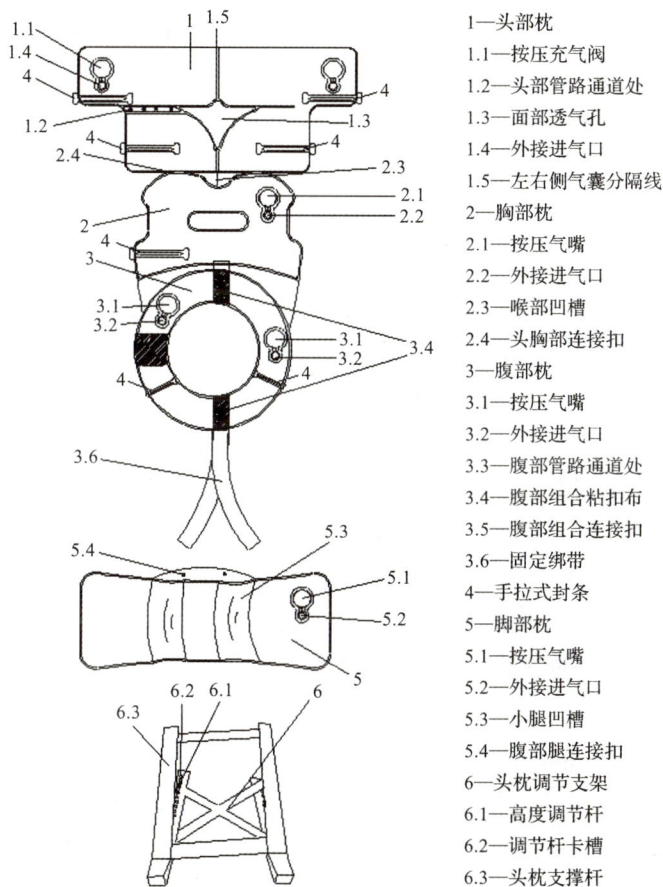

1—头部枕
1.1—按压充气阀
1.2—头部管路通道处
1.3—面部透气孔
1.4—外接进气口
1.5—左右侧气囊分隔线
2—胸部枕
2.1—按压气嘴
2.2—外接进气口
2.3—喉部凹槽
2.4—头胸部连接扣
3—腹部枕
3.1—按压气嘴
3.2—外接进气口
3.3—腹部管路通道处
3.4—腹部组合粘扣布
3.5—腹部组合连接扣
3.6—固定绑带
4—手拉式封条
5—脚部枕
5.1—按压气嘴
5.2—外接进气口
5.3—小腿凹槽
5.4—腹部腿连接扣
6—头枕调节支架
6.1—高度调节杆
6.2—调节杆卡槽
6.3—头枕支撑杆

图 8-5　体位垫外形结构

(三)结构设计说明

1.头部气垫

(1)在体位垫头枕部的左右各设计了一个独立无管的按压式气囊，在使用过程中通过放空一侧气囊的气体，使其与另一侧充盈的气囊形成落差，从而让患者的头部保持侧向一边，左右气囊的交替充放气可以预防面部发生皮肤压力性损伤。

(2)头部气囊中间呈镂空样，形状根据成人的脸部解剖特征设计。

(3)头部气垫的前端设计了下沉式延长垫，可以让处于俯卧位的患者将双手舒适地搁在延长垫上，大大降低手部麻痛的不良体验，减少神经损伤。

(4)头部气垫的一侧设计为剪刀式开口，开口处留有穿行嘴、气管或肩颈部各种留置管路的预留通道,剪刀口打开后能确保患者在脸部正面朝下时,吸氧管、气管插管、CVC导管等各种头颈部的管路穿行通过并保持畅通。闭合时通过无痕魔术贴关闭剪刀口。

2.胸腹部气垫

(1)胸腹部气垫的一侧分别设计了上下两个按压式气囊,可以根据患者的体形和护理的需要选择使用其中一个或同时使用,并可分别调节气囊的充盈度。

(2)考虑到肥胖患者或孕妇有腹部膨隆的特征,这类体型的患者在俯卧位时,床垫的反作用力会使其腹压增加,进而加重通气困难。因此,本产品的腹部气垫也设计了镂空造型,使肥胖患者或孕妇在俯卧位时,凸出的腹部可以通过镂空处下沉,从而消除使用未镂空气垫时对腹部造成的压力。同时,考虑到俯卧位通常需要保持12小时左右,患者不经意间改变动作时,有坠床、人体滑脱或导管拉脱等风险,因此在胸腹部气垫的一侧还设计有三点式力学固定约束带,以确保患者在改变体位的情况下,气垫不移位,从而提高安全性。

3.大腿气垫(髋部)

(1)大腿部的气囊外形呈长方形,中间镂空便于空气流动,增加患者的舒适度。

(2)在大腿部也设有一个按压式气囊,可以独立充气。为了满足不同身高患者的使用需要,中间通过两排可延长和缩短的搭扣来调整长短。

4.小腿气垫(脚踝)

(1)小腿部的气囊外形呈长方形,中间镂空用于空气流动,增加患者的舒适度。

(2)在小腿部也设有一个按压式气囊,可以独立充气。

5.充气通路　为了实现快速充气,每一个独立气垫都设计有与上、下气垫连接的充气通路,充气管路中设计有单向阀,确保充气后不漏气。在使用增压气泵充气的情况下,预计在20秒时间内可实现整体气垫的快速充气。

6.气垫各区块的连接　体位垫整体分头部、胸腹部、大腿部和小腿部四个区块设计。此设计最大的益处是可根据临床需要拆分独立使用,所有独立的气垫又可以通过区块之间的固定环、连接绳和弹簧扣等配件迅速连接成一个整体俯卧体位垫使用。

7.紧急放气　体位垫通常是供急性呼吸窘迫综合征患者或居家康复的老年患者改善机械通气而设计的,但这类患者在俯卧位通气的情况下也有病情迅速恶化的风险,若是在院内出现紧急情况,医护人员就需要立刻给予心肺复苏。进行心肺复苏操作时,由于气垫是软性的,患者的体压会随着医护人员的按压动作作用于气垫,形成作用力与反作用力,从而极大地影响操作,而撤走气垫再做心肺复苏又会耽误抢救时间。因此,本设计在各个独立气垫的明显位置处用黄色标记标注了剪刀符号,提醒医护人员在紧急情况下,可以用锐器戳破气垫紧急放气。

(四)产品技术参数

(1)气垫采用防水充气膜制作,使用了抗菌技术。气垫整体可水洗,也可用酒精、含氯消毒液等喷洒消毒。

(2)按压气嘴通过高周波无缝焊接技术与气囊焊接在一起。

(3)招募了100名志愿者作为标准患者,采集了俯卧位下人体各部位参数,包括身高、体重、头部长度、头部宽度、肩宽、胸部纵向长度（肩平面到剑突）、髋部宽度、两膝距离、腹部最宽距离等，经过数据整合后，设计为单个气囊在充气状态下能承受重量100N，气囊囊腔最大承受气压40kPa，气嘴可经受模拟反复按压1万次不破裂。

（4）体位垫整体充气后高度约12～15cm。

（五）产品功能说明

（1）体位垫依据人体构造依次设置有头部枕、胸腹连枕、髋部枕和脚踝枕四个枕垫，分别对应于患者的头部、胸腹部、髋部和脚踝，通过按压式气嘴能够实现快速充气和放气，有效支撑患者躯体保持俯卧位姿势。使用者可根据个人的舒适感使用内置的按压式气囊放气和充气来调节高度。

（2）体位垫设置有可辅助患者改变头部方向的头部枕，头部枕具有相连但不相通的第一侧部和第二侧部，可以对第一侧部和第二侧部独立充气，通过控制充气量，使头部枕的左右两侧产生高度落差，从而帮助头颈部无力或使力困难的患者改变头部方向。同时还设置有头部管路通道，用以保护头部的各种留置管，减少牵扯，减轻患者负担。

（3）体位垫在每个枕垫上均设置有透气孔用于空气流动，空镂圈的设计能很好地减轻患者胸腹部受压，从而提升心肺功能，也降低腹内压和食道压，从而减少发生误吸的风险，减轻了对患者皮肤压力的损伤和刺激，增加了护理舒适度。

（4）体位垫设计有可调整胸侧部和腹侧部高度的胸腹连枕，能够适用于不同体重的患者。胸腹连枕上设置有三点式约束带，能够有效防止患者身体移位，利于维持体位姿势，同时根据实际情况按需给予患者良好的保护性约束。

（5）体位垫设计有剪刀符号的紧急放气标记，用于提示周边人员在紧急状态下，如患者陷入无意识状态或需要实施心肺复苏抢救时，可使用剪刀等锐器破坏枕垫实现快速放气，满足抢救要求。

三、防侧翻老人助行器

防侧翻老人助行器

（一）设计背景

老年人是跌倒伤害的高危人群，2022年发布的《老年人跌倒预防及管理的国际指南》指出，65岁及以上的老年人跌倒发生率高达30%。在人口老龄化背景下，我国老年人跌倒发生率总体呈逐年上升趋势，每年超过30%的老年人（≥65岁）至少发生一次跌倒。国家卫生健康委发布的《老年人防跌倒联合提示》指出，跌倒是我国65岁以上老年人因伤害死亡的首位原因，其中85岁以上老年人意外跌倒死亡率高达496.53/10万。在医疗机构中，跌倒是与患者相关最常见的不良安全事件。研究显示，我国住院患者每日跌倒发生率为1.4‰～18.2‰。老年人跌倒具有并发症复杂、高致残率及高死亡率的特点，严重阻碍健康老龄化进程。跌倒造成的伤害不仅会影响患者的生命质量，加重照护者及家庭的经济负担，也显著增加了医疗卫生资源和社会公共资源的消耗。此外，跌

倒的高发生率及其严重后果还会导致患者丧失活动信心,引发跌倒恐惧等消极心理,进而造成了患者活动限制。

2023年4月,国家卫生健康委办公厅颁布《关于进一步推进加速康复外科有关工作的通知》,要求医疗机构鼓励患者及早下床活动,促进身体康复,防止跌倒、血栓形成等发生。然而在临床实践中,老年患者术后早期下床活动执行情况并不乐观。目前市场上虽然有多种款式的助行器,能够辅助人体支撑体重、保持平衡和行走。但是,由于术后伤口疼痛、体能虚弱、恐惧心理等躯体症状的制约,患者在行走时易出现步态不稳、受力不均等问题,除此之外,依赖助行器辅助行走时有时还得在助行器上悬挂诸如输液袋、引流袋等护理用具,进而增加助行器失重、向两侧和后侧倾倒等意外事件发生的风险,对身体虚弱的老年患者活动期间的安全性和平衡性造成极大威胁。目前市售的助行器难以满足术后老年患者早期下床活动的需求,在使用上存在一定的局限性,因此,创新改进行走工具,增加管道保护、用物放置及防侧翻装置可以解决上述问题。基于以上背景,设计一款适用于术后患者康复训练的防侧翻老人助行器,来减少或避免摔倒等不良事件的发生,以此提升用户康复的良好体验。

(二)结构设计

防侧翻老人助行器的主要结构由四个带制动机构的万向轮、前后各两个支撑腿(设计有防侧翻支撑结构)、行走助行器主体、防跌倒围栏式腰带、可伸缩的输液支架组成,其外形结构示意见图8-6。

(三)结构设计说明

(1)外形尺寸:655mm(长度)×523mm(宽度)×(635~925)mm(高度)。

(2)所用材料:①主架材质:铝合金。②脚垫材质:防滑橡胶。③前轮:360°万向轮。④扶手:泡棉。

(3)助行器前支撑腿上设置有可横向伸展的万向轮支架,支架上安装两个万向轮,使前支撑腿可向两侧延伸,增加人体重心与助行器外侧支撑点的内角,从而避免助行器在外力因素下往左右方向倾倒,如图8-7所示。同时,通过万向轮转动可使患者在转角行走时更便捷地进行左右转弯。

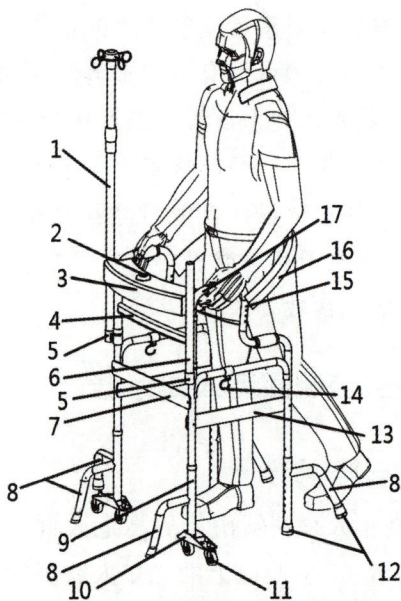

1—输液架;2—紧急呼叫器;3—支撑台;4—第一支架;5—插接套管;6—设备固定管;7—第一挡板;8—辅助支撑腿;9—前支撑腿;10—万向轮支架;11—万向轮;12—防滑垫;13—第二挡板;14—挂钩;15—腰带卡扣固定孔;16—防跌倒围栏式腰带(含坐兜);17—扶手架。

图8-6　防侧翻老人助行器的外形结构

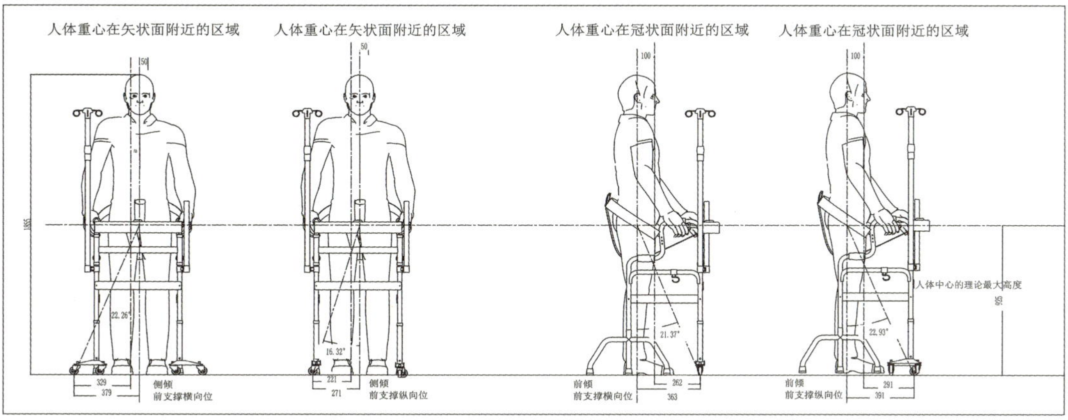

图 8-7　防侧翻老人助行器示意图

（4）在助行器的前后支撑腿上设置向前、向后延伸并与地面成 10°的前后辅助支撑腿，能够避免助行器使用时发生前后倾倒。

（5）防跌倒围栏式腰带（含坐兜）：腰围 80～150cm，腿围 40～90cm，可以根据患者的腰围、腿围进行调节，腰带宽 4.4cm，厚度 2.0cm，由聚酯纤维材质编织，外包柔软加厚棉质缓冲垫，既能确保腰带的承重力强、韧性好，又能均匀分散腰部、腿部的受力，用户使用起来会更舒适。腰带卡扣由合金钢制成，固定于助行器扶手固定孔处。患者在使用助行器前，先穿戴好围栏式腰带，具体使用方法是患者的双腿穿过腿环，并调节腿围，使腿环固定于大腿根部，然后将腰带两侧的卡扣扣在助行器扶手固定孔处。此设计主要是针对患者在行走康复训练时发生疲乏不能站立的情况，此时可以停下来就地坐在坐兜上恢复体力，或一边坐在坐兜上，一边按压助行器上的紧急呼叫器，寻求护士和他人的帮助。

（6）在助行器一侧的前支撑腿上设置有可伸缩的输液支架，用于悬挂输液袋，同侧还安装有辅助支撑腿，以免因输液袋过重导致行走时向一侧倾斜。

（7）在助行器的另一侧前支撑腿上设有设备固定管插接套管，以便安装微量泵、喂食泵装置，确保活动期间特殊用药的连续使用。

（8）前后支撑腿上均设置有多个高度调节孔，可根据不同患者的身高情况进行高度调节。

（9）在助行器的左右扶手架前侧中间设置有设备支撑台，一方面搭配设备固定管使用，固定并支撑医疗设备，另一方面用于固定诸如紧急呼叫器、手机及其他非医疗小型设备。当患者活动时出现不适感，可按压紧急呼叫器，医护人员听到呼叫铃声后第一时间赶到患者身边。

（10）在助行器的侧面支架上设置有挂钩，用于悬挂引流袋，同时设置有侧面挡板，将引流袋隔挡在外侧，避免引流袋向助行器内部摆动影响患者行走。

（四）安全检测

1.外观性能　助行器所有的金属件以及部件之间的焊接处手感光滑，无毛刺、锋棱，无虚焊，无明显凹陷、紧固件松动、万向轮卡死、卡滞、外形变形等缺陷。

2. **物理性能** 防跌倒围栏式腰带与助行器的联结有效,坐兜能承受 200N 沙袋重量,持续 72 小时,腰带与坐兜均无拉脱、撕裂、脱钩等现象。

3. **整体工作状态** 助行器的坐兜模拟人体坐位姿态,悬挂 500mL 输液袋,测试者模拟真实使用场景,均无不良事件。

(五)临床验证与用户反馈

助行器经过安全性检测和物理试验确认合格,所有指标均符合设计预期。在向医院伦理委员会递交安全评估报告,以及临床验证样本总量和实施方案后,经过医院伦理委员会审核批准,对每一位纳入试用的患者进行知情告知,由本人签字同意,且在试用全过程中均有研发团队成员一对一看护的情况下,对 100 例肝癌切除术后老年患者进行了临床验证。评价指标见表 8-2。

表 8-2　两组患者首次下床活动时间、首次下床活动持续时间、
首次肛门排气和首次排便时间的比较($\bar{x}\pm s$)

组别	例数	首次下床活动时间(h)	首次下床活动持续时间(min)	首次肛门排气时间(h)	首次排便时间(h)
对照组	50	35.78±4.57	3.78±1.18	52.61±5.27	132.74±12.78
观察组	50	22.45±3.15	4.82±0.91	45.47±6.89	112.75±9.75
t		4.23	2.18	9.28	23.78
P		<0.01	<0.01	0.035	<0.01

通过临床使用验证,该助行器轻便实用、安全性高、操作方便,有效促进了外科术后老年患者早期下床活动,并延长活动时间,促进早期康复。未发生一例因使用助行器导致的不良事件。

四、可调节多功能偏瘫患者助步器

(一)设计背景

偏瘫又称半身不遂,指同一侧上下肢、面肌和舌肌下部运动障碍,是急性脑血管病的常见症状。偏瘫患者由于身体一侧失去控制能力,不能很好地控制手部和腿部进行运动,可能会失去行走能力,无法正常移动,严重者常卧床不起,丧失生活能力。若无法自发活动而长期卧床,会导致肢体肌肉挛缩和关节畸形,运动功能丧失,进而易发生各种意外,如跌倒等。因此,对于尚有一定活动能力的患者,给予适宜的工具辅助其进行康复训练,如肌力训练、移动训练、步态训练、关节活动度训练等,可以缓解病情进展,改善生活质量。

部分偏瘫患者一侧腿部常失去控制能力,无法抬升,而手部功能可能完全正常,为了实现患者用手助力患侧腿的抬升动作,可以借助特殊设计的助步器等设备完成,通过手部拉动腿部进行抬升运动,来实现患侧腿的自主移动,有助于患侧腿部的康复训练。基于这样的创新构思设想,设计了一款既能协助患者自主行走,又能作为康复训练设

可调节多功能偏瘫患者助步器

备,满足患者不同场景使用的多功能助步器。

(二)结构设计

可调节多功能偏瘫患者助步器(以下简称助步器)的主要结构由手柄、牵引机构、调节机构、脚垫、连接块、固定块和支撑板组成,手柄在上方,牵引机构在下方。牵引机构包括两根拉绳和调节机构,两根拉绳对称,与手柄的两侧相连,用于连接手柄和脚垫。调节机构位于拉绳上,用于调节手柄与脚垫之间的距离。脚垫在拉绳的另一端,两侧均有连接块,连接块一侧的顶部有固定块,拉绳的另一端与固定块连接,使得拉绳可以带动脚垫进行运动。助步器外形结构详见图8-8。

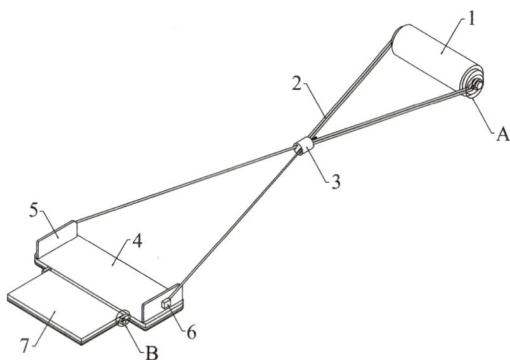

1—手柄;2—牵引机构;3—调节机构;4—脚垫;5—连接块;6—固定块;7—支撑板。

图 8-8　助步器外形结构

调节机构主要由套设在两根拉绳上的套管组成,拉绳呈"X"型,套管中空,拉绳从套管内部穿过。套管的一端设有呈"凸"字形的活动腔,用于穿插拉绳和安装活动块;套管的另一端设有两个安装槽,两根拉绳分别穿插在安装槽中并分隔开。活动腔的内壁连接有螺栓,拉绳可在活动腔的内腔中移动,螺栓上连接有活动块,拉绳的一端与活动块的两侧固定连接,通过转动螺栓,可使活动块沿着螺栓在活动腔内移动,带动拉绳运动,进而对拉绳的长度进行调节,详见图8-9、图8-10。

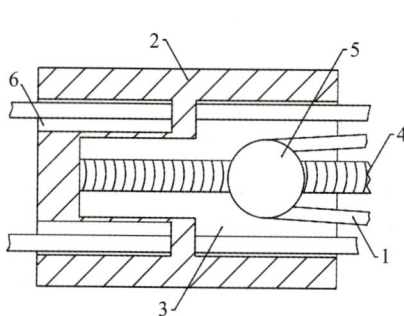

1—拉绳;2—套管;3—活动腔;4—螺栓;
5—活动块;6—安装槽。

图 8-9　助步器套管处俯面剖视结构

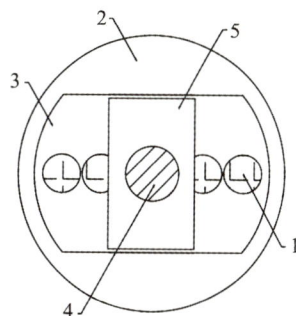

1—拉绳;2—套管;3—活动腔;
4—螺栓;5—活动块。

图 8-10　助步器套管处背面剖视结构

手柄的两端均连接有固定杆,用于安装活动环,活动环可绕着固定杆进行转动。活动环的正面固定有连接环,其内腔与拉绳滑动穿插连接,拉绳可在连接环中滑动,进而调节长度。助步器外形结构 A 处放大结构示意详见图 8-11。

脚垫的正面固定连接有两个安装块,用于安装支撑板,安装块上穿插有连接轴,支撑板固定在两个连接轴之间,可以绕着连接轴进行转动,用于支撑患者的脚掌前端,也便于脚掌前端与地面接触。安装块的下表面固定连接有限位块,限位块呈"L"型,用于对支撑板的转动进行限位,保证支撑板的稳定。助步器外形结构 B 处放大结构示意详见图 8-12。

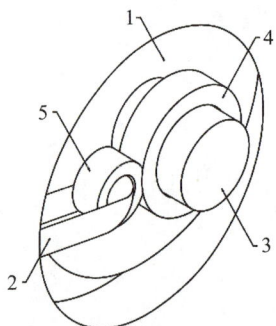

1—手柄;2—拉绳;3—固定杆;
4—活动环;5—连接环。

图 8-11　A 处放大结构示意图

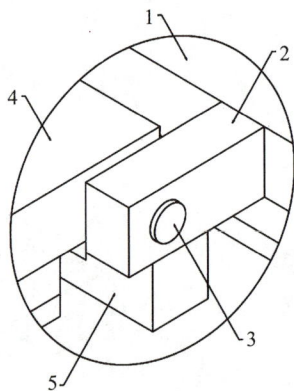

1—脚垫;2—安装块;3—连接轴;
4—支撑板;5—限位块。

图 8-12　B 处放大结构示意图

(三)结构设计说明

(1)助步器的手柄外壁固定有橡胶软垫,直径 3cm 左右,便于患者抓握。牵引机构包括拉绳和调节机构,调节机构利用套管、活动腔、螺栓和活动块相配合,通过转动螺栓,使活动块沿着螺栓在活动腔内移动,带动两根拉绳的一端一起运动,使得拉绳的位置发生改变,形成了对拉绳使用长度的调节。

(2)拉绳的另一端带动脚垫进行移动,改变拉绳的使用长度,即改变了手柄和脚垫之间的距离,患者通过握住手柄,拉动拉绳,带动脚垫,从而带动腿部进行移动和康复训练。

(3)脚垫尺寸为 8cm×18cm,前后两侧与拉绳连接。患者的脚掌放置在脚垫上表面,通过拉动脚垫带动脚部向上运动。脚垫的正面安装了支撑板,通过支撑板的转动,患者脚掌的前端可与地面接触,有利于支撑脚部肌肉的锻炼。

(四)产品技术参数

(1)产品外形结构整体对称、美观,无棱角、毛刺,无拉绳打结、松动、脱落等现象。

(2)手柄的外壁固定穿插连接有橡胶软垫,增加使用时手部舒适度,橡胶软垫上有 1cm×1cm×0.1cm 的方块状突起,起防滑效果。

（3）拉绳采用无弹性的高强度合成纤维，设计承重在 2000N 以上，确保患者使用时的安全。拉绳的总长度为 4m，根据患者的高度和锻炼的需求可调节拉绳的长短。

（4）调节机构（主要是套管）及其他连接件均采用 316 不锈钢材质，脚垫、支撑板等使用耐磨、耐腐蚀的高强度工程塑料材质。

（5）脚垫上表面有橡胶软垫，软垫表面有深度为 0.1cm 的"井"字形斜纹，可同时兼顾舒适度和防滑性。

（6）本产品设计了可调节结构，能满足各成年年龄段人群的使用需要。

（五）产品功能说明

（1）通过转动调节机构的螺栓，患者可根据医生的评估和康复训练具体方案，对应不同的康复要求，比如首次抬腿高度等，通过拉绳的长度进行任意调节，使之能适用于不同身高的患者。另一方面，患者也可以根据不同的康复训练需要，通过调节，使助步器适应不同的运动部位和活动幅度需求，例如要训练踝关节、腓肠肌、胫前肌等肌肉和关节的功能，可将拉绳调长；而训练膝关节、股四头肌、股二头肌时，可缩短拉绳。

（2）当患者患侧手臂力量不够或完全丧失时，可以通过调节拉绳长度，由健侧手部拉动手柄，协助患侧下肢移动。同样，若患侧手臂需要做康复训练时，可以借助健侧腿部的支撑来完成。

（六）安全检测

1.外观性能　设备上所有的金属件、塑料件，以及部件与部件之间的连接处手感光滑，无毛刺、锋棱，无虚焊，无明显凹陷、紧固件松动、卡死、卡滞、外形变形等缺陷。

2.物理性能　拉绳能承受 2000N 的拉力；金属件均为医用级不锈钢材质，耐酸碱、耐腐蚀；塑料件耐磨、耐酸碱、抗老化。

五、认知康复训练仪

阿尔茨海默病
患者认知康复
训练仪

（一）设计背景

据统计，阿尔茨海默病（Alzheimer's disease，AD）患病率逐年上升，截至 2020 年，中国 60 岁以上人口 AD 患病率达到 3.94%，共有 AD 患者 983 万人，占所有痴呆患者的 65.23%。AD 是导致老年人发生残疾及生存严重依赖的主要原因，其社会成本几乎等同于癌症、心脏病和脑卒中三种疾病之和。目前临床主要应用药物和非药物管理两种方法治疗 AD。然而 AD 药物的疗效有限且有不同程度的副作用，故将非药物治疗作为 AD 患者首选治疗方案或辅助措施非常值得研究和探讨。

认知功能下降是 AD 患者最早出现的临床躯体症状，若能在疾病初期做到早发现，采取有效的干预措施，则可有效控制并延缓病情进展。有研究发现，环境可影响人体脑发育及脑损伤后的恢复，认知功能的改善与患者所处的环境是否"积极"存在密切关联。早期认知康复训练模式是指在积极的环境下，结合患者病情评估，针对性地提供不同难

易程度的个性化认知康复训练,如注意力、记忆力、定向力训练等。认知训练可促进中枢神经系统可塑性修复,改善患者的注意力不集中、记忆力下降、定向力障碍等症状,继而提升其生活自理能力。因此,设计一款简单、易操作,且同时适用于患者住院治疗和居家康复训练的认知功能训练仪器,对改善 AD 患者的认知功能,减少并发症,减轻患者、家庭及社会的照护负担具有重要的现实意义。

(二)结构设计

阿尔茨海默病患者认知康复训练仪(以下简称训练仪)的主要结构由 6 块边长为 8cm 的正方形卡板和卡片、1 个 11cm×11cm×10cm 的镂空框架以及第一转动部和第二转动部等组件构成。其外形结构见图 8-13。

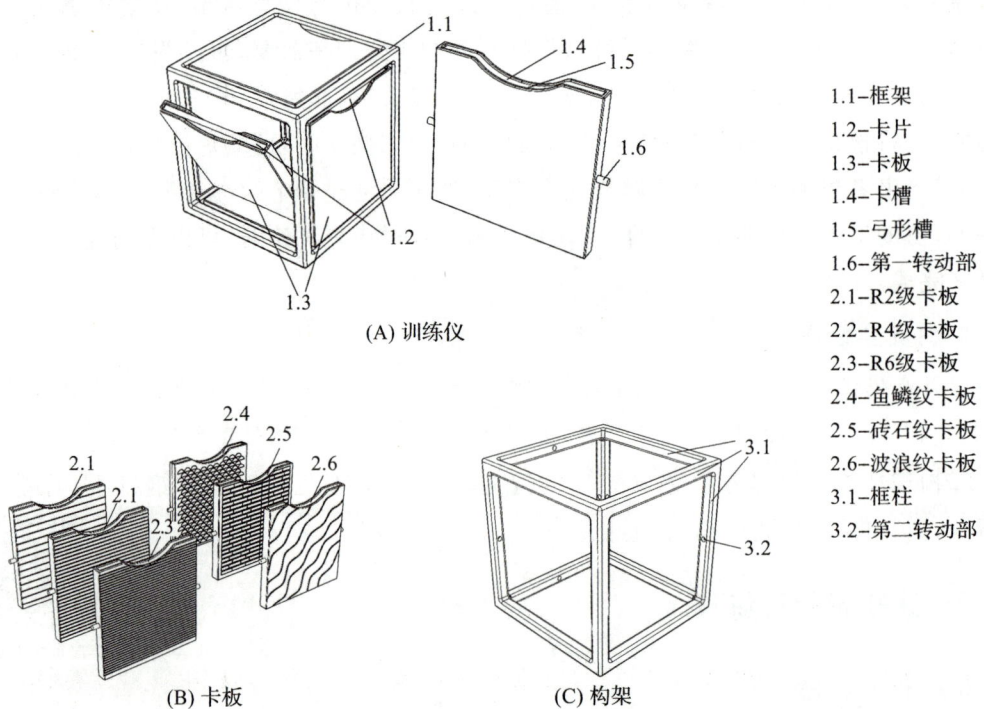

图 8-13　训练仪外形结构

（A）训练仪　（B）卡板　（C）构架

1.1-框架
1.2-卡片
1.3-卡板
1.4-卡槽
1.5-弓形槽
1.6-第一转动部
2.1-R2级卡板
2.2-R4级卡板
2.3-R6级卡板
2.4-鱼鳞纹卡板
2.5-砖石纹卡板
2.6-波浪纹卡板
3.1-框柱
3.2-第二转动部

(三)结构设计说明

1.卡板　①卡板尺寸:长 8cm、宽 8cm、厚 2cm。卡板内设计为一面开口、三面封闭的镂空形卡槽,开口长 8cm、宽 1cm、深 8cm,便于将卡片装入卡板中;②卡板开口侧设计为弓形,便于更换卡片;③训练仪卡板由 6 块表面纹理及粗糙度不同的正方形组成,大小一致,均设计为透明状,方便患者观看卡板中的卡片内容;④6 块卡板分别以 3 种不同粗糙度及 3 种不同纹理进行区分,纹理和凹槽深度设定为 2mm,3 块卡板粗糙级别分别为 R2 级(表面粗糙度略高,带有轻微的凹槽)、R4 级(表面粗糙度较高,带有较多凹槽)、R6 级(表面粗糙度很高,带有大量凹槽);卡板纹理分别为波浪纹理(曲线状的纹理,形状如同水面上的波浪)、鱼鳞纹理(鱼鳞片状纹理)、砖墙纹理(类似于砖石的纹理)。此设计通过不同纹理和粗糙度对患者感触觉的不同刺激,锻炼 AD 患者的左脑(意识脑)功能,起到认知康复训练的作用。

2.卡片　①卡片形状设计为边长 8cm 的正方形,便于患者将卡片插入卡板;②卡片的颜色设计特地选用了色彩谱系中的白色、红色、蓝色、黄色,这些颜色通过视觉刺激对患者起到心理暗示作用,能提高患者使用训练仪的依从性;③结合简易智力状态检查量表(Mini Mental State Examination,MMSE)和蒙特利尔认知评估量表(Montreal Cognitive Assessment,MoCA)分别对患者的认知能力进行评估,根据评估结果制定个性化认知康复训练方案,以达到锻炼患者右脑(本能脑、潜意识脑)功能以及提高患者注意力的目的。常用策略如制作并使用正反面分别带有问题与答案的卡片,如正面为“出门要带什么?”反面为“钥匙”或者钥匙图案,也可正面用不同颜色的笔写出代表颜色的汉字,反面写出字的颜色,如卡片正面用红色笔写汉字“黄色”,反面写“红色”。

3.框架　①卡板框架为长 11cm、宽 11cm、高 10cm 的镂空框架,方便患者随身携带并能随时随地训练;②框柱厚度设定为 2cm,确保框架的稳定性;③框架的 8 个棱角被磨平,确保表面光滑,保证患者使用时的安全性及良好的体验感。

4.第一转动部　①卡板两侧面设计有直径 1cm、高 1cm 的圆柱凸台,确保卡板与框架紧密连接;②每块卡板均有两个圆柱凸台,两个圆柱凸台呈轴线对称。

5.第二转动部　框架的框柱上设计有直径 1cm、深度 1cm 的圆柱凹槽,确保卡板与框架有机连接。

6.第一转动部与第二转动部的连接　①将第一转动部的圆柱凸台插入框架的圆柱凹槽即可固定;②拨动卡板需要一定的力量,可使患者手指得到锻炼,避免手指僵硬的问题,因此将第一转动部与第二转动部设计为过渡配合或过盈配合,使两者之间有一定阻尼,且卡板拨动至任意位置均可停止。

(四)产品技术参数

(1)卡板材料选用耐腐蚀、无毒及对皮肤无刺激的食品级硅胶制作;框架选用密度低、强度高、可塑性好的铝合金制作。

(2)个性化的训练卡片可根据患者认知功能评估的结果设计,然后采用计算机 3D 打印制作,且可根据患者认知康复的效果调整或定期成套更换不同训练目标的卡片。

(3)训练仪可经消毒后更换卡片,反复使用。

(4)招募了 100 名志愿者作为标准病人,第一转动部与第二转动部间分别给予阻尼系数为 1.0、2.0、3.0、4.0、5.0 的阻尼,经访谈及数据整合,第一转动部与第二转动部间阻尼系数为 4.0 时效果达峰值。

(五)产品功能说明

(1)训练仪卡板表面粗糙度或纹理不同,AD 患者辨认并选择不同粗糙度及纹理的卡板,再通过感知觉的不同刺激来完成认知康复训练。

（2）训练仪卡片的颜色选用了色彩谱系中的白色、红色、蓝色、黄色。白色是一种纯净、清新的颜色，能够减少干扰和压力，让人感到平静、放松、思维清晰，增强思考能力和判断力，适用于患者感到困惑、无法做出决策或者缺乏耐心的情况。红色是一种充满活力和激情的颜色，能够刺激视神经系统，提高注意力，适用于患者感到疲惫、无精打采或者缺乏动力的情况。蓝色是一种平静、安宁和深邃的颜色，能够减轻肌肉紧张并舒缓情绪，适用于需要放松身体和情绪的情况。黄色是一种充满活力和温暖的颜色，可以增加身体的快乐感和满足感，提高积极性和自信心，促进创造性思维，适用于患者感到沮丧、消沉或者缺乏信心的情况。

（3）根据简易智力状态检查量表（MMSE）和蒙特利尔认知评估量表（MoCA）对患者认知能力进行评估后，在训练仪卡片一面写出问题，另一面写出答案，然后置于卡槽中，让患者多次阅读卡片正面问题及反面答案，反复接触信息，从而锻炼其右脑（本能脑、潜意识脑）功能；正面用不同颜色的笔写出代表颜色的汉字，反面写出字的颜色，指导患者说出卡片正面字的颜色，以提高其注意力。

（4）第一转动部和第二转动部之间有一定阻尼，患者在使用卡片进行训练时，需要利用手腕及手指力量推动卡板，既活动了手腕及手指，也可减少手部僵直等并发症。

（六）安全检测

1.外观性能　训练仪部件与部件之间手感光滑，无毛刺、锋棱；卡板转动流畅，无卡顿；卡片内容直观明了；框架结构稳定，无变形，无明显凹陷、紧固件松动等缺陷。

2.物理性能　将训练仪组装完成后置于平整的桌面上，在训练仪框架顶部安置 10N 的沙袋，持续加压 96 小时，观察训练仪及所有组件，均无明显变形、开裂等现象。

（七）使用说明

1.适用范围及禁忌证　训练仪适用于 AD 患者及其他疾病并发认知功能障碍且能够配合训练的患者，不适用于烦躁、谵妄的人群。

2.卡片的设计及选择　临床情景下，需先采用认知评估工具对患者进行认知功能评估，再根据患者认知情况设计相应的多张卡片，卡片内容选择遵循由简到繁、循序渐进的原则。

3.卡片的安装及更换　将卡板的卡槽侧按照箭头指示方向转至朝外，选择合适的卡片从卡板的弓形槽中插入或取出。

4.训练仪的使用　对卡板进行编号，指导患者对每面的粗糙度和表面纹理进行辨认；指导患者记忆卡片正面的问题，并利用手腕及手指力量翻转卡板，寻找卡片反面的答案。让患者反复训练，形成记忆。

5.训练仪的清洁消毒　从弓形槽中取出训练卡片，先用流动自来水对训练仪的所有部件进行水洗，沥干后再用酒精类或含氯消毒液类消毒剂，以喷洒或擦拭的方式消毒。

六、居家胰岛素腹部注射光学投影仪

居家胰岛素腹部注射光学投影仪

(一)设计背景

糖尿病是严重威胁人类健康的世界性公共卫生问题。在糖尿病的治疗中,胰岛素注射是目前临床上常用的治疗手段。患者长期进行胰岛素治疗过程中,如反复注射同一针眼或较邻近的针眼部位,由于胰岛素对脂肪的促合成作用,以及组织细胞水肿、局部血液循环障碍等原因,可能会出现诸如腹壁脂肪增生、萎缩等并发症,其中以脂肪增生最为常见。胰岛素注射相关的皮下脂肪增生会导致注射部位胰岛素吸收减少,降糖作用减弱,因此为控制血糖,需增加胰岛素注射剂量。《中国糖尿病药物注射技术指南》建议从胰岛素注射治疗起始,就应教会患者易于遵循的轮换方法,但目前由于缺乏精准的定位工具,居家胰岛素注射患者存在注射部位或轮换方法不规范等情况。因此,设计一款能够帮助居家胰岛素注射患者正确定位和轮换注射部位的光学投影仪,既能保证胰岛素注射治疗的正确性,又能减少脂肪增生等并发症,对实现居家胰岛素治疗患者血糖管理至关重要。

(中国实用新型专利号:ZL2019 21343379.0;课题:嘉兴市科技计划项目2019AD32087)

(二)结构设计

居家胰岛素腹部注射光学投影仪由光学投影仪和投影仪支架两部分组成,其中光学投影仪由透镜组、投影片、LED光源组、电池、筒体及开关组成;投影仪支架由弹簧夹、转轴、锁扣、三角锁扣及伞式底座组成。结构示意见图8-14,应用场景示意见图8-15。

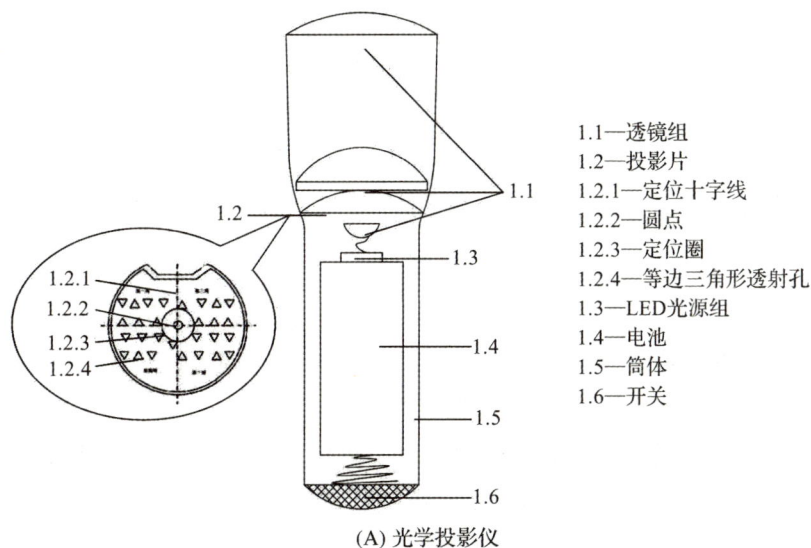

1.1—透镜组
1.2—投影片
1.2.1—定位十字线
1.2.2—圆点
1.2.3—定位圈
1.2.4—等边三角形透射孔
1.3—LED光源组
1.4—电池
1.5—筒体
1.6—开关

(A) 光学投影仪

图 8-14　居家胰岛素腹部注射光学投影仪结构

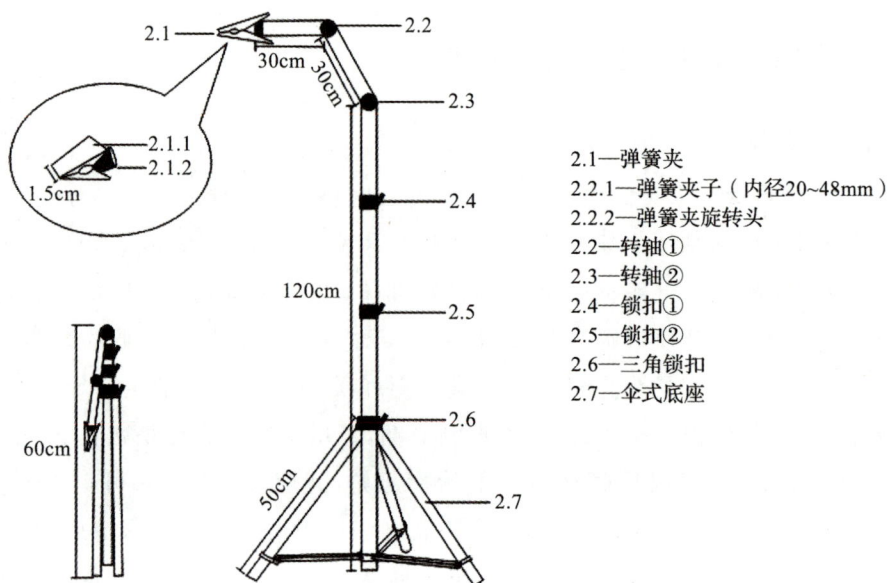

2.1—弹簧夹
2.2.1—弹簧夹子（内径20~48mm）
2.2.2—弹簧夹旋转头
2.2—转轴①
2.3—转轴②
2.4—锁扣①
2.5—锁扣②
2.6—三角锁扣
2.7—伞式底座

(B) 投影仪支架

图 8-14（续）

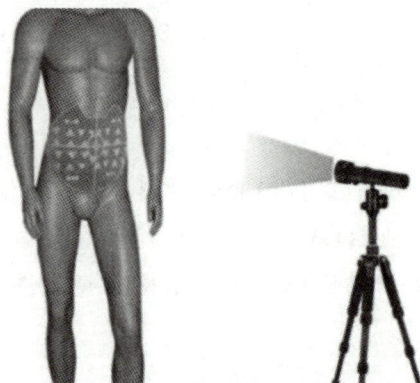

图 8-15　居家胰岛素腹部注射光学投影仪应用场景示意

(三)结构设计说明

1.透镜组　由 3 块直径为 3.2cm 的圆形透镜玻璃片组成,每块透镜玻璃片各起到放大倍率、控制聚焦范围和光补偿的作用,其中最前端的透镜片可实现前后旋转调节,以确保在 80~120cm 之间获得最佳投影效果。

2.投影片　①形状材质:圆形感光涂层胶片,直径 3.2cm,上端有高度为 0.2cm 的凹型缺口设计。②图案设计:以圆形感光涂层胶片圆点为中心,绘制十字线和直径 0.4cm 定位圈,将胶片分为四个区域,顺时针依次标注第一周至第四周,每个区域均匀分布 7 个边长 0.15cm 的等边三角形,逆时针依次标注 1~7 号。③投影成像:光源穿过透镜 1,将投影片上的图案依次通过透镜 2 和透镜 3 投射至投影面(腹部)。投影仪光学原理见图 8-16。

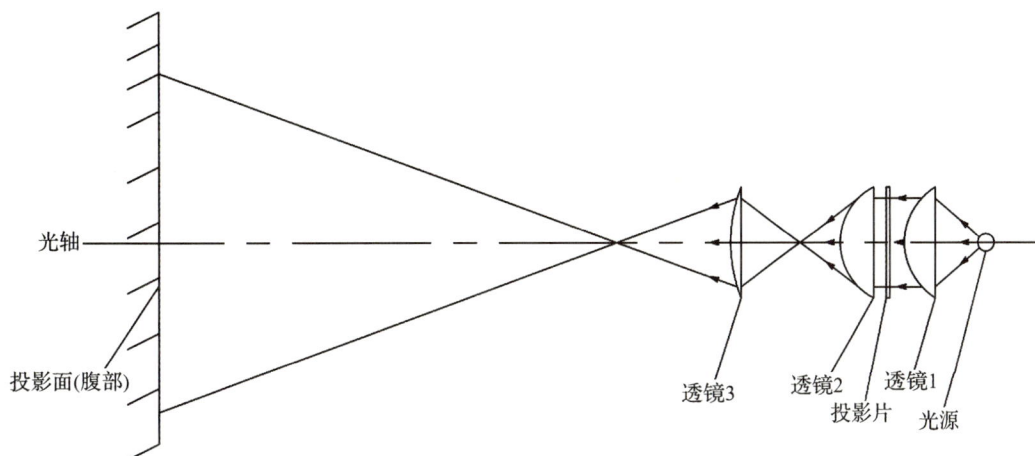

图 8-16 光学投影仪光学原理

3.光源组 采用 LED 光源,光线柔和不伤眼。投影光通量值:1000lm(流明)。

4.电池 一节 18650 锂电池。光学投影仪电路原理见图 8-17。

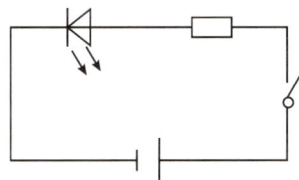

5.筒体 底面直径 3cm,高 12cm 的空心圆柱体,手握设计。

6.开关 按压式开关。

图 8-17 光学投影仪电路原理

7.投影仪支架 弹簧夹可固定光学投影仪,弹簧夹旋转头可 360°调节方向;投影仪支架上段为双关节悬臂设计,可自由伸缩,调节高度及角度;中段为二段伸缩设计,通过拧动锁扣调节支架高度;下段为伞式底座,起到稳定支架的作用。

(四)产品技术参数

(1)光学投影仪整体材料采用轻质高硬度航空铝材制作,总重约 300g,可承受强力碰撞和冲击,密封性优良,表面可用含氯消毒剂擦拭。

(2)投影仪支架采用碳素合金钢材料制作,总重量 1253g,可调节高度范围为 65～180cm,最大可承受重量为 5000g。

(3)电池为高能无记忆锂电池,2000mAh(毫安时),可蓄电。电池可供投影仪持续使用 8 小时。

(4)光通量值:1000lm(流明)。

(5)投影片图案设计采集了立位、坐位、平卧位三种情况下人体腹部参数,包括身高、体重、腹部纵向长度(最低肋缘下约 1cm,耻骨联合上约 1cm)、腹部最宽距离(脐周 2.5cm 以外至腹部边缘)等,并进行数据整合,调试获得最适投影图案设计。

(五)产品使用说明

1.投影 立位或坐位时,将投影电筒水平固定于支架夹头处,调节支架高度使得电筒高度与患者肚脐处于同一水平;平卧位时(需第二人协助),将投影电筒固定于支架夹头处,调节支架悬臂,使得电筒位于患者肚脐正上方。固定电筒位置后,打开投影仪开关,光源可穿过透镜,将投影片上的图案投射至患者腹部皮肤,从而获得胰岛素注射区域。

2. 准确定位　调节电筒与患者肚脐的距离(最佳 80~120cm)或者高度,使得投影图案的圆点、竖轴、外圈分别与患者脐部、腹正中线、腹部外缘相对应时,从而精准定位患者腹部胰岛素注射点。平卧位时,由第二人调节电筒高度。

3. 科学轮替　按投影图案上的第一周至第四周操作,可以实现每周注射区域不重复,每个区域中编号 1~7 的三角形可指导患者进行周一至周日注射点的选择,三角形的每个顶点均为注射点,实现胰岛素注射部位的科学轮替。

4. 适合不同人群　通过前端透镜片的前后旋转,可实现投影图案大小调节,适用于不同体型的患者及站、坐、躺等各种体位使用。

5. 皮肤零接触　通过光线投射,不接触皮肤,降低注射部位污染的风险。

6. 操作方便　整体轻便小巧,旅行、外出等场景均可携带使用;电池可充电使用;操作简单,单人可完成。

(六)安全检测

1. 外观性能　所有的金属件均无毛刺、锋棱,无虚焊、凹陷、松动等缺陷,筒体光滑便于抓握。

2. 电池性能　高能无记忆锂电池,可蓄电,无漏液等安全隐患。

(七)临床验证与用户反馈

居家胰岛素腹部注射光学投影仪安全性检测和漏电试验符合 GB 9706.1—2020《医用电气设备　第 1 部分:基本安全和基本性能的通用要求》,所有指标均符合设计预期,安全合格。向医院伦理委员会递交了安全评估报告以及临床验证样本总量和实施方案后,通过医院伦理审批。

对 70 例患者进行了临床验证,比较对照组(常规定位法)和实验组(投影仪法)治疗前及出院后 3 个月胰岛素注射部位并发症(脂肪增生与脂肪萎缩)、糖化血红蛋白值及患者满意度情况。结果证明使用居家胰岛素腹部注射光学投影仪可有效降低胰岛素注射部位并发症的发生率和糖化血红蛋白值,提高患者满意度。

七、基于"物联网＋"老年居家患者突发急危重症应急求助施救快速响应系统

基于"物联网＋"老年居家患者突发急危重症应急求助施救快速响应系统

(一)设计背景

人口老龄化是全球经济发达或发展中国家都面临的一个社会现象。目前,中国人口结构发生显著变化,老龄化、高龄化趋势日益显著。根据国家统计局发布的数据显示,截至 2024 年末,我国 60 岁及以上人口数达 3.1 亿,占总人口数 22.0％,65 岁及以上人口数占 15.6％。根据《中国居民营养与慢性病状况报告(2025 年)》的数据,我国慢性病

患病人数不断增加,心血管疾病、糖尿病、癌症等慢性病导致的死亡占全部死亡人数的80%以上。2023年,浙江省人民政府办公厅《关于加快建设基本养老服务体系的实施意见》指出,构建智慧养老服务应用场景,坚持一地创新、全省共享,迭代升级"浙里康养"数字化应用。身患多种慢病的老年或者独居患者在突发心梗、脑梗等危急重症或者受到意外伤害时,呼叫120急救车至现场抢救转运是非常重要的施救手段。然而目前所面临的困境是,急救人员到达患者家门口后,却不能及时开启门锁,难以快速入户施救,从而延误了急危重症的黄金抢救时间,降低了抢救的成功率,增加了慢病转急病、急病致伤残的风险。

基于此设计了一种居家老年患者突发急危重症应急求助施救快速响应系统,以克服急救人员难以快速入户施救的技术缺陷。

(二)系统设计

基于"物联网+"的居家患者突发急危重症应急求助施救快速响应系统(以下简称施救响应系统)的主要结构由居家应急求助智能按钮、密码钥匙盒、无线网络或移动网络、应急求助施救响应管理平台、应用服务器、数据库服务器、消息队列遥测传输协议(Message Queuing Telemetry Transport,MQTT)消息管理平台等组成,系统架构见图8-20,系统整体流程见图8-21,系统通信工作原理见图8-22。

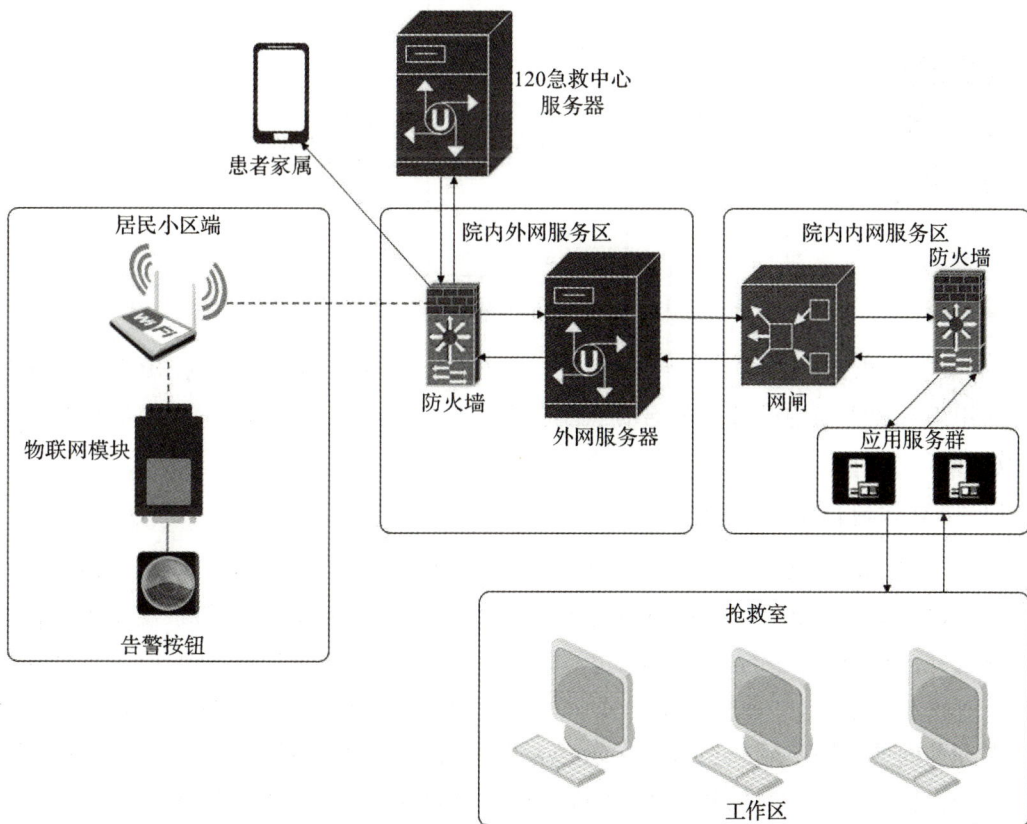

图 8-20　系统架构

告警人	居家求助智能按钮系统	医院施救响应平台	120急救中心	家属

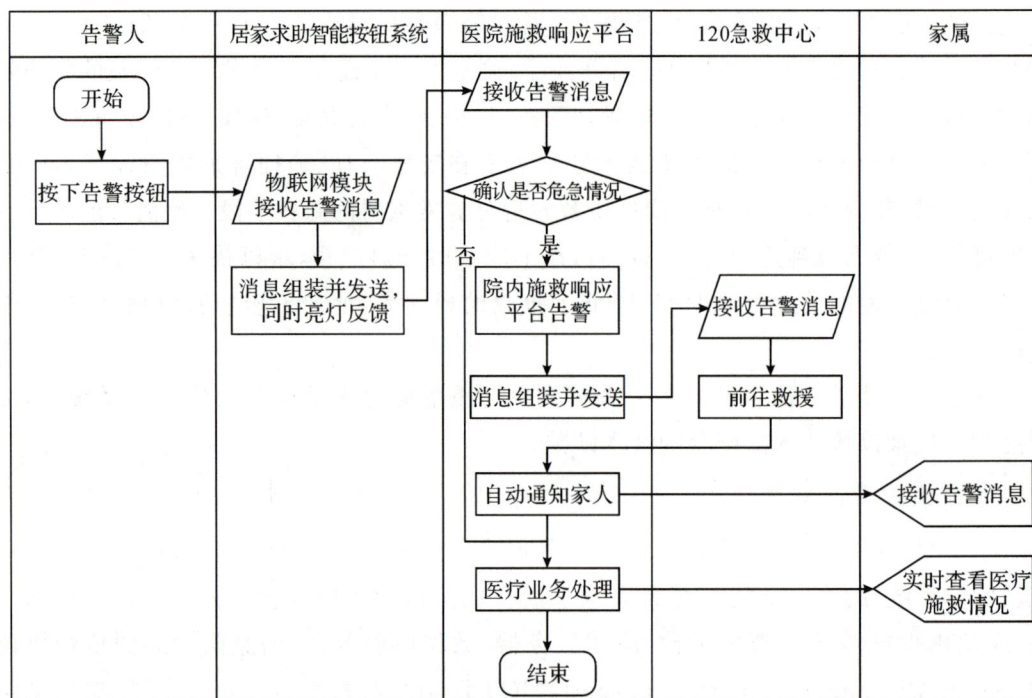

图 8-21　系统整体流程

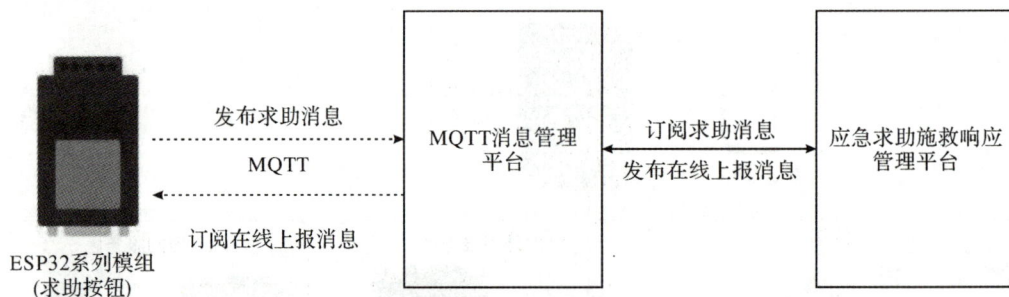

图 8-22　系统通信工作原理

居家应急求助施救响应系统采用轻量级（基于发布-订阅模式）的 MQTT 实现通信，适用于资源受限的设备及低带宽、高延迟或不稳定的网络环境，能够确保设备之间高效通信。

（三）系统设计操作说明

居家应急求助施救响应系统基于物联网、5G 和移动互联等技术，其设计流程为：求助人在家中遇到紧急情况后，按下应急求助智能按钮，按钮内置的通信系统将求助消息发送至医院施救响应平台，同时亮灯反馈，平台接收求助信息后通知医护人员确认处置，若确认情况危急，则系统自动通知 120 急救中心前往救援，同时自动告知紧急联系人，在此期间院方同步展开患者入院救援准备工作，根据具体病情准备抢救仪器设备、血液及药物，组织对应的抢救小组，做好入院应急准备工作，救援过程中紧急联系人可实时查看医疗施救情况。为了避免日常生活中求助按钮被误触，技术上采取在按钮板载系统中设定长按 3 秒才发送求助消息。

本技术采用 JAVA 编程语言,使用 B/S 系统架构,针对设备端数据通信采用 MQTT 协议,与 120 急救平台对接采用 WebService(一种跨编程语言和跨操作系统平台的远程调用技术)形式,服务计划部署在院内服务器,通过对外开放端口实现数据接入,在保障系统稳定和数据安全的同时,也方便抢救室在院内内网环境中使用平台。

(1)基于 MQTT 的消息平台支持海量设备及应用端连接,其最大的好处是可提供安全可靠的双向通信能力,通过共享订阅、数据集成等特性,实现数据在物与物、物与应用间流转的同时保证持久化。这样不仅提供了设备与设备、设备与应用间通信的能力,同时提供了数据持久化的能力,允许非实时应用程序运行,并且后续可以对已存储的数据进行再分析与利用。

(2)应急求助智能按钮采用 ESP32(Espressif 32,一款微控制器产品)系列模组。该模组是一款集成低功耗与高性能特性的 Wi-Fi 和蓝牙芯片,支持 3.3V 电源供电,内置 2.4GHz(2.4 Gigahertz,一个无线频段)Wi-Fi 和蓝牙功能,并兼容多种存储器类型。此外,ESP32 具备出色的处理能力、可编程性,以及卓越的天线性能和低能耗设计,确保其能够长时间稳定运行。在本系统设计中,根据 ESP32 模组上定义不同的按钮响应,发送请求至院内施救响应平台,从而满足用户求助需求。

(3)为了保证智能按钮的可靠性,将居家端设计为按钮模块需定时按服务器要求报告状态,以确认其通信能力,同时在管理端将通信异常设备信息及时通知管理人员,由管理人员跟进处理。在服务可用性方面,引入负载均衡技术,通过分布式服务保障某个服务节点故障时可及时自动转发至其他可用的服务节点。

(四)主要技术参数(表 8-3)

表 8-3　主要技术参数

名称	内容
MQTT 消息代理	采用 EMQX 平台作为 MQTT 消息代理(Broker),其支持采用 Mria 架构的 MQTT5.0 协议,实现了新的集群架构并重构了数据复制逻辑,使得单个集群支持 1 亿 MQTT 连接
求助按钮工作原理	利用 ESP32 模块连接无线网络,通过 MQTT 协议与服务器进行高效、安全的交互,实现数据的实时传输与远程控制
按钮参数	ESP32 系列模组,支持 Wi-Fi 和蓝牙连接,集成 40MHz 晶振,板载 4MB SPIflash,工作电压 3.0~3.6V,工作电流平均 80mA,供电电流最小 500mA,工作温度范围 -40~+85℃,支持多种可定义模组接口
按钮可靠性	系统有定时上报状态机制,每 5 分钟进行按钮在线监测,保证按钮在线可用,通过 HTOLHTSL/UHAST/TCT/ESD 可靠性测试
无线信号(I)设备间通信	采用无线 Wi-Fi 或 4/5G 移动网络,支持 802.11 b/g/n(802.11n,速度高达 150Mbps)协议,通信范围 10~150m

（五）网络安全标准

居家施救响应系统支持全面的 SSL/TLS（Secure Sockets Layer/Transport Layer Security，安全套接层协议/传输层安全协议）功能，包括单向/双向身份验证和 X.509（X.509 Public Key Infrastructure Certificate Standard，X.509 公钥基础设施证书标准）证书身份验证，符合 GB/T 22239—2019《信息安全技术 网络安全等级保护基本要求》国家标准的要求。

预期本设计投入应用后，可以增强养老服务效能，降低老年人应急求助和救助难度，建立居家危重症患者突发情况快速求助的信息直达通道。通过互联网、5G 技术将求助信息实时、准确地传送到物业、120 指挥中心、医院内信息平台及其他相关人员处，实现危急情况的全方位及时响应和处置，有效减少老年人居家遇到突发事件时产生的不良后果，将疾病预后风险控制在最低。

（本项目系 2024 年度浙江省医药卫生科技计划，项目编号：2024XY178）

📶 复习思考题

运用本章所学知识点，尝试设计一款多用途预防跌倒的拐杖。要求设计时突出适老、适用、实用及使用安全的特性，并有具体的产品结构、外形尺寸、技术参数、验证方法、所用材质、安装连接方法、专利申请等要素。

参考文献

[1] Brown R，McKelvey M C，Ryan S，et al. The impact of aging in acute respiratory distress syndrome：a clinical and mechanistic overview[J]. Frontiers in Medicine，2020，7：589553.

[2] Ji Z，Wu H，Zhu R，et al. Trends incause-specific injury mortality in China in 2005-2019：longitudinal observational study [J]. JMIR Public Health Surveill，2023，9：e47902.

[3] Jia L，Du Y，Zhang Z，et al. Prevalence, risk factors, and management of dementia and mild cognitive impairment in adults aged 60 years or older in China：a cross-sectional study[J]. Lancet Public Health，2020，5(12)：e661-e671.

[4] Montero-Odasso M，van der Velde N，Martin F C，et al. World guidelines for falls prevention and management for older adults：a global initiative[J]. Age and Ageing，2022，51(9)：afac205.

[5] Papazian L，Munshi L，Guérin C. Prone position in mechanically ventilated patients[J]. Intensive Care Medicine，2022，48(8)：1062-1065.

[6] 冯芸,刘娟,周圣哲,等.俯卧位通气时间对急性呼吸窘迫综合征病死率影响的 Meta 分析[J].中华肺部疾病杂志(电子版),2020,13(4):524-526.

[7] 郭晓贝,王颖,杨雪柯,等.基于患者参与框架的住院老年患者跌倒预防干预策略的实施[J].护理学杂志,2021,36(1):50-53.

[8] 任泽平.中国老龄化报告[J].发展研究,2023,40(2):22-30.

[9] 中国居民营养与慢性病状况报告(2020 年)[J].营养学报,2020,42(6):521.

（楚婷）

致　谢

感谢中国美术学院创新设计学院研究生尤双艺对第三章、第四章、第七章的文字进行了梳理。感谢罗怡卿高级软件工程师对第八章涉及的人工智能技术用于适老化产品的创新设计给予了专业且具有建设性的帮助。感谢罗汉崧主任团队为第八章内容的编辑、案例筛选和设计做出了贡献。感谢杨丹副主任护师承担了第八章的总校对工作，并以专业务实的态度对本章做了勘误性校对。同时也要感谢浙江大学医学院附属第二医院护理部主任兰美娟主任护师、肝胆胰外科黄冰瑛和心血管内科冯佳两位护士长、浙江大学附属邵逸夫医院魏惠燕护士长、华中科技大学同济医学院附属同济医院护理部王颖主任护师、嘉兴大学附属医院（嘉兴市第一医院）护理部主任朱志红主任护师、浙江省桐乡市第一人民医院护理部主任陈娟英主任护师为第八章分别甄选和提供了创新案例。感谢母丽桦的技术团队为老年人俯卧位通气快速多体位限位摆放工具套件提供了临床验证样品的技术支持。

本教材的编写、出版获得2023年度浙江省产学合作协同育人项目的资助（浙教办函〔2023〕241号）。

最后，感谢编写团队全体成员专业、辛勤的付出，期待本教材所呈现的设计思路和案例分享，能够给未来有机会学习这门课程的学生及相关科研工作者在科研创新及思维拓展方面有所帮助。